U0251980

内蒙古自治区自然科学基金项目联合基金项目（2021LHBS05004）

放矿扰动下地表陷落
演化规律及其应用

刘　洋／著

四川大学出版社
SICHUAN UNIVERSITY PRESS

图书在版编目（CIP）数据

放矿扰动下地表陷落演化规律及其应用 / 刘洋著
. — 成都：四川大学出版社，2022.7
　（资源与环境研究丛书）
　ISBN 978-7-5690-5747-8

　Ⅰ．①放… Ⅱ．①刘… Ⅲ．①铁矿床—矿山开采—地
面沉降—研究 Ⅳ．① TD861.1

中国版本图书馆 CIP 数据核字（2022）第 199540 号

书　　名：放矿扰动下地表陷落演化规律及其应用
　　　　　Fangkuang Raodong xia Dibiao Xianluo Yanhua Guilü Jiqi Yingyong
著　　者：刘　洋
丛 书 名：资源与环境研究丛书

丛书策划：庞国伟　蒋　玙
选题策划：蒋　玙
责任编辑：蒋　玙
责任校对：肖忠琴
装帧设计：墨创文化
责任印制：王　炜

出版发行：四川大学出版社有限责任公司
　　　　　地址：成都市一环路南一段 24 号（610065）
　　　　　电话：（028）85408311（发行部）、85400276（总编室）
　　　　　电子邮箱：scupress@vip.163.com
　　　　　网址：https://press.scu.edu.cn
印前制作：成都完美科技有限责任公司
印刷装订：四川省平轩印务有限公司

成品尺寸：170mm×240mm
印　　张：8.25
字　　数：155 千字

版　　次：2022 年 12 月 第 1 版
印　　次：2022 年 12 月 第 1 次印刷
定　　价：45.00 元

本社图书如有印装质量问题，请联系发行部调换

扫码查看数字版

四川大学出版社
微信公众号

前　言

近年来,我国经济快速发展,对矿产资源特别是铁矿石资源的需求越来越大,铁矿石资源的保障问题关乎我国钢铁行业的产业链安全,为此,我国需大力开发铁矿资源,增加国内供给。

无底柱分段崩落法作为一项专门的采矿技术,具有高效率、高机械化、高生产能力、低成本和作业安全等优点,在我国金属矿山生产中得到了广泛应用。相关资料显示,我国有 85% 以上的铁矿井下开采使用此方法,有色金属矿山开采则占 40% 以上,用此方法开采的矿山至少占地下铁矿山矿石总产量的 70%。但使用无底柱分段崩落法开采地下矿体会破坏岩体原始应力平衡状态,引发不同程度的地压显现,严重的还会引起地表沉降,或者形成明显的塌陷区,会对生态环境造成不可逆的损坏,不利于可持续发展,限制了其推广应用。如果能够有效控制开采导致的岩移问题,则可突破传统无底柱分段崩落法的限制,扩大应用范围,降低开采成本,提高矿业竞争力。因此,为了生态环境的长期稳定性,解决铁矿石资源保障问题,必须对放矿扰动下地表陷落演化规律进行预测分析,揭示其作用机理。

本书基于临界散体柱支撑理论和上盘岩体渐进崩落的极限平衡分析法,结合实验矿山的矿体分布特点及开采方案,考虑放矿扰动的影响和地表充填散体的动态过程,提出了采动地表陷落范围的预测模型;通过实验研究放矿扰动下矿体倾角和回采顺序对散体侧压力的影响规律,得出放矿扰动下散体侧压力强度变化率的拟合函数,并揭示塌陷区内移动散体柱的支撑作用机理,提出保障采动地表陷落范围最小化的临界散体柱构建方法;根据得出的演化规律,以某铁矿试验采场为依托,进行了现场试验,取得了良好效果,希望对推动岩土工程和采矿工艺的发展提供一定帮助。

1

　　本书可作为高等院校相关专业师生,从事岩土工程、采矿工程防灾减灾工作的科研人员的参考书,可用于散体侧压力实验以解决采矿工程实际问题。

　　本书的出版得到了内蒙古自治区自然科学基金项目联合基金项目(2021LHBS05004)的资助。本书撰写过程中参考了相关专家、学者的大量文献,在此一并表示感谢。

　　由于作者水平有限,书中不妥之处在所难免,恳请读者批评指正。

著　者

2022 年 7 月

目 录

第 1 章 概 论

近年来，我国经济快速发展，对矿产资源特别是铁矿石资源的需求越来越大，铁矿石资源的保障问题关乎我国钢铁行业的产业链安全，为此，我国需大力开发铁矿资源，增加国内供给。

无底柱分段崩落法作为一项专门的采矿技术，具有高效率、高机械化、高生产能力、低成本和作业安全等优点，在我国金属矿山中得到了广泛应用。相关资料显示，我国有 85% 以上的铁矿井下开采使用无底柱分段崩落法，有色金属矿山占 40% 以上，用此方法开采的矿山至少占地下铁矿山矿石总产量的 70%。但崩落法开采地下矿体时，由于岩体的原始应力平衡状态被破坏，因此会引发不同程度的地压显现，严重的还会引起地表沉降或形成明显的塌陷区，对地表环境、工业设施、运输道路及人员安全造成威胁。以辽宁省为例，截至 2015 年，矿山开采引起的地表塌陷总面积约为 $290.47km^2$，形成的塌陷区及塌陷群共有 430 余处，地裂缝 50 余处，严重破坏了土地完整性，加剧了矿区土地沙漠化。关于地表陷落范围预测及防治技术的研究工作，国内外学者已积累了大量经验，提出了多种理论方法。但由于岩移问题的复杂性，目前对于地表陷落机理、预测方法及防治技术等方面的研究，尚没有形成统一的认识，地表陷落范围预测理论与实际应用之间还存在不小的差距。因此，迄今为止，地表陷落范围的预测问题仍然是国内外采矿界面临的重大理论与技术难题。在此条件下，本书总结前人研究经验，针对实验矿山的具体条件，基于现场调研与实验研究，推导地表陷落范围的预测模型，进而提出有效的防治方法。此项研究对于保障矿山安全生产、提高矿山开采经济效益及保护地表工业设施与环境至关重要。

此外，随着我国矿产资源开发力度的增加，尾砂排放量也逐渐增大。目前大部分尾矿都存放在地表尾矿库中，利用率仅为 8.3% 左右。尾矿库堆存不仅会造成严重的资源浪费，还会对环境产生直接污染。另外，尾矿库还存在一定的安全隐患，尾矿库溃坝等重大事故时有发生。尾矿干式堆存是近年来发展起来的一种新型尾矿处置新方法，具有基建投资少、维护简单及综合成本低等优

1

点,已在美国格林克里克地区的矿山、加拿大的 Ekai Diamond 矿和 Kidd Creek 矿、坦桑尼亚的 Bulyanhulu 矿、俄罗斯的 Kubaka 矿、印度的 Hindustan矿,以及中国的寿王坟铜矿、归来庄金矿与金岭铁矿等多座矿山中应用。由于干排尾砂的黏度过小或没有黏度,遇水极易发生泥化,甚至发生崩溃,因此,干排尾砂在干式堆存区域的选择上有严格限制,多选择在峡谷、低洼、平地及已废弃的塌陷区等区域内堆存。但对于干排尾砂堆存于采动地表塌陷区内的研究较少,尤其是井下开采对尾砂穿流特性的影响规律及雨水作用下尾砂颗粒的入渗规律等方面的研究较少。如果能将尾砂干排至采动地表塌陷区内,且能够解决尾砂充填塌陷区的安全与放矿掺杂等问题,不仅可以处理塌陷区造成的土地浪费问题,还可以避免尾砂处理造成的资源浪费。因此,研究采动地表塌陷区内尾砂干排技术对降低土地资源浪费有着重要的意义。

为了实现岩体失稳破坏情况的准确预测及岩体冒落过程的有效控制,需要系统、深入地研究放矿扰动条件下地表陷落演化规律,这对促进我国铁矿石大规模回采与生态环境优质保护协调发展、提高我国矿业竞争力、解决铁矿石资源的保障问题具有重大的理论和实际意义。

1.1　地表岩移与沉陷的预测模型研究回顾

在金属矿床地下开采中,空区引起周边围岩破坏,进而造成地表塌陷,周边出现裂缝,形成陷落区。在深部开采中,准确预测地表陷落区的范围,对于优化总图布置、保障生产安全及降低生产成本有重要意义。地表塌陷一般通过沉降发展来表征,主要包括崩落区、裂隙扩展区和沉降区。金属矿山开采通常按陷落角来圈定岩层和地表的陷落范围,陷落带的圈定是根据若干个垂直于矿体走向和沿矿体走向的地质剖面图,从矿体开采的最低水平起,按各层岩石的不同陷落角分别作直线与地面相交,然后将矿体上、下盘及端部各交点逐一连线,在地形图上形成一条闭合圈,这就是圈定的地表陷落带。由于矿岩和地表的移动受到地质条件及开采状况等多种因素的影响,加之采矿方法、回采顺序及工程布置不同,导致不同矿山、不同采区、同一采区不同区段的地表移动规律均不同,因此,准确预测地表陷落范围的难度也增大。国内外学者对矿岩和地表移动变形的问题关注已久,研究工作者以不同的标准从不同角度对开采后矿岩和地表的移动变形规律进行了研究。特别是近几十年来,矿业工作者针对采矿引起的地表陷落问题进行了大量的理论研究和现场监测,提出了适合不同条件的理论模型和预测方法。根据矿山监测资料,国外一些研究人员提出了垂线理论、法线理论、拱理论、二分线理论、自然斜面理论及三带理论。1838年，比利时工程师哥诺特在调查烈日城井下开采引起的岩移问题时，提出了第一个岩移理论"垂线理论"；后来，哥诺特和法国工程师陶里兹对此理论进行了改进，提出了"法线理论"，给出了岩体移动下沉是沿岩层层面并沿法线向上传播的直观机理和规律。20 世纪 40 年代，苏联学者阿维尔申、柯洛特科夫、科尔宾科夫及卡查柯夫斯基先后采用弹性力学、塑性力学及地表移动观测等方法研究开采沉陷问题，建立了岩层移动的"三带理论"。然而，这些预测理论具有局限性，不能完全揭示矿岩和地表的移动机理。目前，地表沉陷预测的主要方法有经验公式法（剖面函数法和典型曲线法）、随机介质理论—概率积分法、影响函数法、连续介质力学法（主要包括弹性理论、塑性理论、黏弹塑性理论和断裂理论等）、数值模拟计算方法（有散单元法、离散单元法、边界元法和拉格朗日元法等）及相似材料模拟方法。

经验公式法是指在特定的地质条件下，根据大量的观测数据，得出主断面的移动变形曲线，然后将其理论化，以供在相近的采矿条件下对地表陷落范围进行估算。波兰学者 Kowalczyk 提出积分网格法。英国国家煤炭管理局编写的《下沉工程师手册》详细描述了经验公式法，其在长壁法开采煤矿中得到了广泛使用。我国主要在峰峰矿区和平顶山矿区分别建立了适合本矿区的典型曲线。随着经验公式法的发展，许多经典的函数法也发展起来。何国清等建立了碎块体理论——地表沉陷的威布尔分布。Hood 等使用双曲正切函数对美国伊利诺伊州 Old Ben 矿山的下沉剖面进行了分析。戴华阳使用负指数函数建立地表移动的预计公式，较好地预测了山区地表移动状况。Halbaum 在将采空区上方岩层作为悬臂梁的基础上，得出了地表应变与曲率半径成反比的理论。Korten 在实测结果的基础上，提出了水平移动与变形的分布规律。但是，经验公式法存在一个致命缺陷，即对于非矩形工作面的预测精度较差，且无法预测任意点的变形量。

影响函数法是使用理论分析或其他方法确定矿体开采对矿岩和地表的影响，则矿山开采所引起的矿岩和地表的移动就可以认为是采区内所有单元开采影响的叠加，因此，就可得出矿山开采所导致的矿岩和地表的移动状况。影响函数法能够预测任意点的变形量，实现任意形状工作面开采的预测。1923—1940 年，坎因霍斯特、间舒密茨、巴尔斯及派茨等先后提出并发展了几何沉陷理论；苏联学者阿维尔申出版了《煤矿地下开采的岩层移动》。1950 年，波兰学者 Budryk 和 Knothe 在几何沉陷理论修正的基础上，提出了连续分布影响函数的概念，并选用高斯曲线作为影函数曲线。1961 年，德国学者

Kratzsch 出版了《采动损害及其防护》；Brauner 在水平移动的影响函数的基础上，发表了圆形积分网格法并计算出地表移动。1983 年，周国铨等使用指数函数法计算地表移动的解析值；何万龙等经过大量研究总结出山区地表移动计算公式；蔡因飞等将地形变化纳入影响函数，使该方法可以应用于非水平地表条件。

随机介质理论—概率积分法认为，矿岩中存在许多原生节理、裂隙及断裂面，所以定义岩体为松散介质。采矿引起的矿岩和地表的移动过程，可认为是松散介质的移动过程。此过程是一种服从统计规律的随机过程，故可用概率论来说明矿岩和地表移动过程的规律。波兰学者 J. Litwiniszyn 提出了随机介质理论和模型；刘宝琛院士和廖国华出版了《煤矿地表移动的基本规律》，应用随机介质理论攻克了地表移动剖面预计问题；何国清等出版了《矿山开采沉陷学》。经过近几十年的研究，随机介质理论—概率积分法已成为我国应用最广泛的方法之一。但该方法也有缺陷，即在极不充分采动的条件下，预测结果远大于实际结果。针对这一状况，学者们进行了大量研究：刘天泉院士对水平、缓倾斜及急倾斜煤层开采引起的岩体与地表移动规律进行了深入研究，提出了开采覆岩破坏规律，将采场覆岩分为"横三带"和"竖三带"，并最终形成矿山岩体采动学科；刘文生和范学理对条带法开采留宽度的合理尺寸进行了研究；李文秀等将 BP 神经网络方法、遗传规划方法及模糊测度方法用于岩体移动分析及移动参数的确定，取得了较好的结果；贺跃光研究了随机介质理论在自重应力型矿山、构造应力型矿山、地下隧道及地下空间开挖等工程引起地表移动的应用公式，拓宽了随机介质理论的工程应用领域；钟勇等对崩落法采矿岩体移动规律及其对风井稳定性的影响进行了研究；陈清运等对金山店铁矿东区崩落法开采引起的岩层移动变形规律进行了研究；李文秀等根据大量采矿工程实际资料统计分析，得出深部铁矿非充分开采地表下沉预测分析的随机介质理论方法；张丽萍等通过统计分析建立了矿山地表移动 ARMA 预测模型；徐梅等提出了概率积分法曲线拟合模型下的总体最小二乘抗差算法。

开采所引起的矿岩和地表的移动实际上是一种复杂的岩层时空演变过程。国内外学者通过简化现场条件，建立了不同的力学模型来解释沉陷过程。Atkinson 等发现了具有垂直周界面破坏体的极限平衡分析，得出了坚硬的不连续岩体的筒状陷落。Brown 和 Ferguson 利用极限平衡分析法预测了津巴布韦 Gath 矿上盘岩体的渐进崩落过程。苏联学者 T. H. 库茨涅佐夫在实验室进行采场上覆岩层运动规律研究的基础上提出了铰链岩块学说。钱鸣高院士在链接岩块的基础上，研究了裂隙带岩层结构的可能性和平衡条件，提出了"砌体梁"岩层结构模型，并在此基础上提出了砌体梁结构关键块体失稳的"S-R"
稳定性理论，随后进一步深入研究并提出了岩层控制的关键层理论。宋振骐院
士在大量实测的基础上提出了以岩层运动为中心，预测预报、控制设计和控制
效果判断三位一体的实用矿山压力理论（"传递梁"理论）。贾喜荣等首次将
"薄板"理论引入矿压研究领域，进而发展形成岩板理论，研究了薄板的破坏
规律、断裂前后煤岩体的应力、应变。冯国瑞通过研究残采区上行开采层间岩
层结构及其上部煤层底板移动变形规律，提出了面接触"块体梁半拱"模型。
李增琪通过富氏积分变换和反演公式提出滑动接触模型，并给出了数值计算的
计算机程序。杨伦提出煤矿采空区上方的下沉是岩体在自重应力作用下向采空
区的竖向移动，而岩体内部的水平移动是泊松效应引起的岩体横向膨胀。邓喀
中研究了岩体结构对开采沉陷的影响。吴立新和王金庄提出了托板控制岩层挠
曲破断的失稳原则及地表沉陷的评估思想。谢和平与于广明应用分形及损伤力
学探讨了开采沉陷中岩层非线性影响的地表移动变形规律。梁运培和孙东玲提
出了关键层、岩层组合及层间离层的统一判别准则。李文秀等对大型金属矿体
开采地应力场变化及其对采区岩体移动范围的影响进行了研究。卢志刚对复杂
高应力环境下矿体开采引起的地表沉陷规律进行了研究。郭广礼提出了基于等
价采高理论的固体充填沉陷预测方法。任凤玉提出临界散体柱理论，准确地预
测了弓长岭铁矿、小汪沟铁矿及锡林浩特萤石矿的地表陷落范围。

随着计算机科学的飞速发展，数值模拟计算方法也越来越多地应用于地表
移动过程。南非学者 Salamon 在弹性理论的基础上，提出了面元原理，为边界
元法奠定了基础。王泳嘉在开采沉陷的研究中提出了离散单元法和边界元法。
麻凤海将离散单元法应用于岩层移动的时空过程中。何满潮等提出了非线性光
滑有限元法。唐春安提出线弹性有限元法，并使用 RFPA 对崩落法开采引起
的地表沉陷进行了预测。赵海军等采用有限差分软件，研究了急倾斜矿体开采
的岩体移动规律与变形机理。郭延辉等对地下金属矿山深部开采引起的地表移
动变形规律进行了研究，并探讨了地表移动角与开采深度的关系。袁仁茂等结
合数值模拟及 GPS 监测分析结果，对急倾斜厚大金属矿山岩移的机理进行了
研究。杨帆对采空区岩层移动的动态过程与可视化进行了研究。袁义等对地
下金属矿山岩层移动角与移动范围的确定方法进行了研究。

相似材料模拟方法是以相似理论为基础，将实际矿山岩层按一定比例缩
小，在实验室用相似材料制作模型进行模拟。主要准则为：

（1）几何相似。

$$a_l = \frac{l_p}{l_m} \tag{1.1}$$

式中，a_l 为几何相似比；l_p 为原型长度；l_m 为模型长度。

（2）运动相似。

$$a_y = \frac{y_p}{y_m} \tag{1.2}$$

式中，a_y 为时间相似比；y_p 为原型运动所需时间；y_m 为模型运动所需时间。

（3）动力学相似。

$$R_p = \frac{\gamma_p}{\gamma_m} \cdot \frac{l_p}{l_m} R_m \tag{1.3}$$

式中，γ_p、γ_m 为原型与相似材料的容重；R_p、R_m 为原型与相似材料的力学性质。

对于线弹性模型，一般从弹性力学基本原理推导出相似准则，即模型需要满足相应的平衡方程、几何方程、本构方程及边界条件，相似准则如下：

$$\begin{cases} a_\delta = a_\varepsilon \cdot a_l \\ a_\sigma = a_l \cdot a_\gamma \\ a_\sigma = a_\varepsilon \cdot a_E \\ a_\varepsilon = a_f = a_\varphi = a_\mu = 1 \end{cases} \tag{1.4}$$

式中，a_δ 为位移相似比；a_σ 为应力相似比；a_ε 为应变相似比；a_ε 为弹性模量相似比；a_f 为内摩擦角相似比；a_φ 为摩擦系数相似比；a_μ 为泊松比相似比。

1937 年，全苏矿山测量科学研究院首先采用相似材料模型方法研究岩层移动和地表移动问题。E. Fumagall 采用物理模型研究了多个大坝、边坡和洞室的稳定性，为解决现场工程问题做出了重要贡献。R. E. Heuer、A. J. Hendron 等通过物理模型实验对地下洞室在静力条件下的围岩稳定性进行了研究，首次系统地阐述了模型实验的理论、相似条件和相关的相似模型实验技术。林韵梅通过相似材料模拟实验研究了金属矿山中近矿体巷道变形与破坏规律。白义如等对金山店铁矿地下开采引起地表沉降用相似材料模型实验进行了研究。邓喀中等根据相似材料模拟实验研究了地下开采后岩体移动的界面效应。许家林等通过工程实例和数值模拟实验研究了深部开采覆岩关键层对地表沉陷的影响。杨帆应用理论分析、相似材料模拟实验、数值模拟及工程实例，对急倾斜煤层采动覆岩移动模式与机理进行了研究。戴华阳等以山西阳泉矿区某矿为地质原型，研究了山区地表移动与变形的特点和基本规律。李春意以霍宝干河矿地质资料为背景，进行了相似材料模拟实验，深入研究了流—固耦合作用下含水松散层失水固结对开采沉陷的影响。阎跃观等采用相似材料模拟实验研究了急倾斜多煤层开采条件下地表及围岩的移动变形特点，得出地表沉陷盆地分为露头塌陷区、整体沉陷区、渐变沉陷区和轻微沉陷区的结论。李腾等以程潮铁矿西区崩落法开采为工程背景，通过监测数据和模拟实验，将程潮铁矿围岩移动划分为垂直陷落区、倾倒滑移区、倾倒区、变形区、变形累积区和未扰动区共六个区域。

　　对于一般条件下地下开采引起的地表移动，国内外学者已开展了大量工作并获得许多研究成果，而深部开采引起的地表陷落范围预测问题的研究成果较少。但近年来有部分新的进展。于保华等对深部开采引起的地表沉陷特征进行了数值模拟研究。李文秀等采用 ANSYS 软件对深部采矿引起的地表下沉问题进行了计算分析，结果表明，下沉曲线边界收敛很慢。沈宝堂等对深部煤矿开采的顶板位移和水平应力的变化进行了实测分析，结果表明，采空区顶板岩体移动和破坏与开采后水平应力变化密切相关。李文秀和郭玉贵采用黏－弹性力学模型对地面下沉随时间的变化规律进行了探讨。王运敏院士等对大红山铁矿崩落法深部开采引起的岩移及地表塌陷规律进行了分析研究。奥地利学者 Zangerl 对瑞士 Gottard 高速公路深部隧道施工引起的岩体移动变形进行了监测，并分别采用二维连续和不连续数值模型对开挖后地表下沉进行了预测分析。西班牙学者 Alejano 分别采用数值法和解析法对煤矿非充分开采所引起的地表移动进行了对比分析，得出解析法具有明显的优越性。

　　综上所述，对于不同的矿体与围岩条件下的地表岩移及塌陷机理，矿山及科研工作者进行了大量研究取得了许多重要的科研成果，而对采动地表陷落及岩移防治方法的研究相对较少。因此，在上述研究的基础上得出采动地表陷落范围预测模型及岩移防治方法，对矿山安全生产和开采经济效益最大化具有重要意义。

1.2　矿岩散体移动规律及侧压力的理论研究

　　崩落法是地下金属矿山开采中应用最广泛的方法，但也有损失贫化大的缺陷。面对这一难题，矿业研究者对覆岩下散体的移动规律进行了大量研究。椭球体放矿理论和随机介质放矿理论是目前较为成熟的放矿理论。苏联学者在大量实验的基础上，提出了旋转椭球体的概念，从而建立了椭球体放矿理论。随后，国内外矿业研究者对该理论进行了深入研究，进一步完善了椭球体放矿理论。该理论在无限边界条件下与现场较吻合，但对倾斜边壁条件下放矿研究较少。随机介质放矿理论将矿岩颗粒认定为连续流动介质，介质运动过程具有随机性，是基于概率论而建立的理论体系。任凤玉研究了斜壁边界散体沉降曲线形态随层面高度的变化关系，提出了颗粒下降速度分布曲线可视为正态分布曲线或其一部分，并建立了斜壁边界散体移动速度场、位移场及达孔量等方程。

Bergmark 提出水滴假设理论，并推导出 Bergmark-Ross 方程；Rustan 通过放矿实验，提出了水滴假设理论的应用范围；Kuchta 在此基础上，加入了放矿口宽度这一因素，进一步完善了方程。张国建等提出了崩落体的概念，并阐述了放出体、松动体及崩落体三者之间的关系。吴爱祥等把矿岩散体流动规律分为整体流动和细小颗粒渗透流动两个过程，通过试验探明了放出体形态和大小受矿石块度组成的影响情况，并分析了废石层细小颗粒渗透的过程和机理以及细小颗粒渗透作用对放矿贫化的影响。乔登攀等基于放矿随机介质理论，分析了直立端壁条件下矿岩散体速度场的空间分布形式及散体场内各处颗粒的移动状态，给出了无底柱分段崩落法采场结构参数的近似计算公式。王新民等以崩落矿岩散体局部本构关系为基础，建立了崩落矿岩散体的二维及三维本构模型，揭示了放矿过程中崩落矿岩散体的强度与流动本质。陶干强等采用标志颗粒法进行了矿岩散粒体流动性能试验（影响因素为放矿口大小、散体颗粒的粒径及不同的散体材料），得出了适当增大放矿口大小和减小块度可以增加放出量，增加崩落矿岩的流动速度可以提高溜井的放矿效率的结论。在进行理论推导和室内实验研究的同时，矿业研究者也结合矿山覆岩下放矿的实际情况，对理论分析进行修正和完善。王述红等在随机介质放矿理论的基础上，利用矿岩散体流动的物理模拟实验，测出了不受边界约束和端部放矿两种方式下的散体流动参数，提出了低贫化开采模式，并在白银铜矿投入生产。任凤玉等应用崩落体理论与随机介质放矿理论的研究成果，分析了弓长岭铁矿损失贫化居高不下的问题，提出了采场结构的改进方案并投入工业试验。余健等根据昆钢大红山铁矿的实际情况，应用大间距进路放矿理论实现了放出椭球体完全相切排列，进而达到矿山高效开采的目的。董鑫等针对夏甸金矿矿石损失大的问题，模拟了其对应的散体流动规律，提出了减小分段高度的方案，效果显著。邵安林在放矿理论、放矿实验及现场工业试验研究成果的基础上，介绍了端部放矿废石移动规律及控制技术。

随着计算机科学的飞速发展，数值模拟方法越来越广泛地应用在散体移动规律的研究中。王连庆等以某镍铜矿的地质条件及矿岩物理力学性质为依据，采用数值模拟方法分析了自然崩落法的崩落规律。王培涛等使用 PFC 数值模拟软件对无底柱分段崩落法覆岩下放矿的崩落矿岩移动规律及矿石损失贫化过程进行了数值仿真。冯夏庭等以内蒙古某金矿的急倾斜薄矿脉内散体作为研究对象，使用离散元软件对其进行了数值模拟研究，得出了运动模型可分为倾斜边壁控制区、过渡区及自由下落区，其力的传递模型可分为均匀接触力区、卸压区及不稳定力拱区。孙浩等利用 PFC3D 程序构建放矿模型，探究多放矿口条件下崩落矿岩流动特性，实现了多放矿口条件下放出体及矿石残留体形态变化过程的可视化。

当空区冒透地表后，四周围岩是否发生片落取决于围岩自身强度及边壁有无侧向支撑力。当强度一定时，如果有侧向支撑力，围岩片落的程度将会受到限制；如果有足够大的侧向支撑力，便不会发生侧向片落。因此，分析采动地表陷落的力学模型，需要先对陷落区内的散体侧压力分布规律进行研究。散体的力学性质非常复杂，特别是松散的矿岩介质，影响其力学性质的因素有很多，难以系统综合地进行考虑。一般认为散体的流动性介于固体和流体之间。松散的矿岩介质具有流动性较小及可在一定范围内保持固定形状的特点，散体内主应力间的比值是任意值。散体侧压力的相对大小常用侧压力系数来表示。侧压力系数（即散体侧向压力与垂直压力的比值）是反映散体颗粒流动性的一项指标，其值主要取决于颗粒间的内摩擦力、黏结力及散体的自然安息角。对于散体侧压力的理论研究大多都集中在筒仓侧压力的计算方法。其中，常用的理论分析方法有 Janssen、Reimbert、Jenike、Walker 等提出的理论。大多数规范采用 Janssen 理论，但不同的规范采用不同的侧压力系数。Reimbert 在实验的基础上提出了不同于 Janssen 理论的公式，即只有当筒仓深度无限时，主动压力系数才是常数；而在有限深度处，主动压力系数并非常数，其随深度和仓型变化。Jenike 在总结前人成果的基础上，对筒仓的动态卸料情况进行了深入研究，得出侧压力系数改变学说。Wilfred 以散体颗粒楔角沿剪切破裂面滑动对仓壁施加压力为基本假设，基于土力学中的滑动楔形体理论得到了筒仓侧压力的计算公式。法国学者库伦基于滑动楔形体静力平衡条件建立了一种简单适用的土压力计算公式，其基本假设为：①墙后填土为理想散粒体（无黏聚力）；②墙后填土产生主动或被动侧压力时，填土形成滑动楔形体；③滑动楔形体为刚体，忽略其内部的应力分布及变形特征。1857 年，英国学者朗肯基于半空间体的应力状态与土体极限平衡理论得到经典理论，其基本假设为：①墙体为刚性，忽略墙身变形的影响；②墙后填土面水平且无限延伸；③墙背直立、光滑。梁醒培等利用总体平衡法，只考虑某一高度以上的竖向平衡，得出了新的浅圆仓散体侧压力计算公式。绍兴等考虑了浅圆仓的顶部影响，将侧压力、自重及滑动面上的全反力构成封闭的力三角，推导出侧压力的计算公式，并通过分析破裂面位置，讨论了公式的应用范围和算法。楼晓明等考虑仓料与仓壁间的摩擦力，得出新的侧压力计算公式及破裂面位置。张磊等提出楔形体模型的侧面法向力对侧压力的影响，并由此建立以自重、侧压力、全反力及法向力的四力平衡方程，得出侧压力的计算公式和侧压力强度沿深度非线性分布的结论。除筒仓侧压力的研究外，学者们也对矿山散体侧压力进行了大量研究。我国采矿界习惯将兰金（Rankine）理论的主动兰金系数作为散体的侧压力系数。古德生和戴兴国用理论分析方法研究了存储散体的侧压力系数的表达式，给出了静止散体主动压力（散体主动施压）侧压力系数的计算式，之后又根据静止散体矿岩压力的性质，分析了矿岩内的压力（主动压力）分布情况，并推导出散体矿岩静压的计算公式。陈喜山等利用数学分析方法，在Janssen 理论及其假设的基础上，推导出一定角度下散体侧压力的计算方法，使 Janssen 理论得以扩展，且在矿山薄矿脉开采过程中得到了特定的修正方法和公式。挡土墙的库伦理论也经常被用来计算散体的侧压力。任凤玉等根据矿山实际情况，模拟得出了静止状态下不同深度的散体侧压力值，散体侧压力随深度的增加呈现指数增长趋势，这一规律与拓展的 Janssen 理论侧压力分布规律相符。张东杰等基于锡林浩特萤石矿的实际生产情况，得出了不同矿体倾角条件下散体侧压力的变化规律。国内外常用的散体侧压力强度及侧压力系数的理论函数见表 1.1。

表 1.1　国内外常用的散体侧压力强度及侧压力系数的理论函数

理论函数	提出者
$p = \dfrac{\gamma S}{fC}\left[1 - e^{-\frac{fKC}{S}z}\right]$；$K = \dfrac{1-\sin\theta}{1+\sin\theta}$	Janssen
$p = \dfrac{\gamma D}{\tan\varphi}\left[1 - \left(1+\dfrac{z}{c}\right)^{-2}\right]$；$c = \dfrac{R}{4K\cdot\tan\varphi} - \dfrac{h_s}{3}$；$K = \dfrac{1-\sin\theta}{1+\sin\theta}$	Reimbert
$p = \dfrac{\gamma S}{fC}\sin\alpha\left(1-\dfrac{f}{\tan\alpha}\right)\left[1 - e^{\frac{fKC}{S\sin\alpha}z}\right]$；$K = \dfrac{1-\sin\theta}{1+\sin\theta}$	陈喜山
$K_a = \dfrac{1-\sin\theta}{1+\sin\theta}$；$K_p = \dfrac{1+\sin\theta}{1-\sin\theta}$	Rankine
$K = 1-\sin\theta$	Jake
$\dfrac{H}{D} < 1.5$，$p = \dfrac{1}{2}\gamma z^2\left[\dfrac{1}{\sqrt{\tan\theta(\tan\theta+\tan\varphi)}+\sqrt{1+\tan^2\varphi}}\right]^2$； $\dfrac{H}{D} > 1.5$，$p = \dfrac{\gamma D}{\tan\varphi+\tan\theta}\left(1-\sqrt{\dfrac{1+\tan^2\theta}{\frac{2z}{D}(\tan\varphi+\tan\theta)+1-\tan\varphi\tan\theta}}\right)$	Wilfred Airy
$K_b = \dfrac{\tan\varepsilon}{\tan\varepsilon+\tan\varphi}$；$\eta = \dfrac{1}{2}\left(\varphi+\dfrac{\sin\varphi}{\sin\theta}\right)$； $K_c = \dfrac{2(1+\sin\delta\cos2\eta)}{2-\sin\delta[1+\cos2(\eta+\zeta)]}$	Jenike

理论函数	提出者

$$E_a = \frac{1}{2}\gamma z^2 K_a ;$$

$$K_a = \frac{\cos^2(\theta - \varepsilon)}{\cos^2\varepsilon \cos(\varphi + \varepsilon)\left[1 + \sqrt{\dfrac{\sin(\varphi + \theta)\sin(\theta - \beta)}{\cos(\varphi + \varepsilon)\cos(\varepsilon - \beta)}}\right]^2} ;$$

Coulomb

$$E_p = \frac{1}{2}\gamma z^2 K_p ;$$

$$K_p = \frac{\cos^2(\varphi + \varepsilon)}{\cos^2\varepsilon \cos^2(\varepsilon - \delta)\left[1 - \sqrt{\dfrac{\sin(\delta + \varphi)\sin(\varphi + \beta)}{\cos(\varepsilon - \delta)\cos(\varepsilon - \beta)}}\right]^2}$$

注：γ 为散体的重度；S 为类料仓水平投影面积；C 为类料仓水平投影周长；f 为散体与侧壁的摩擦系数，$f = \tan\varphi$，φ 为散体与侧壁的摩擦角；z 为散体的垂深；K 为散体的侧压力系数；K_a 为散体的主动侧压力系数；K_p 为散体的被动侧压力系数；K_b 为静止条件下散体的侧压力系数；K_c 为动力条件下散体的侧压力系数；ε 为漏斗倾角；θ 为散粒体之间的内摩擦角；p 为边壁受到平均侧压力强度；E_a 为主动土压力；E_p 为被动土压力；α 为类料仓倾角；ε 为墙背与竖直线的夹角；β 为填土面的倾角；D 为类料仓内径；ζ 为破裂角；μ 为散体休止角。

　　杜明芳等采用散体介质颗粒流理论与 PFC 模拟软件，模拟了不同密度储料情况下，卸料过程中仓内散状物料的流动及相互作用，并对其内部复杂的运动场、内力场和物料对仓壁的侧压力进行了模拟分析。肖昭然等采用离散单元法（DEM）建立了一种筒仓缩尺模型，该模型能够提供计算原型筒仓所需的重力场，模拟了模型的静态侧压力，并对模型筒仓卸料过程进行模拟分析，得到了筒仓动态侧压力变化趋势和超压系数范围。甄浩淼等采用 PFC 模拟煤仓的卸料流态及卸料过程中仓体壁面受力情况和物料内部压力分布情况。

　　综上所述，有关散体侧压力分布规律的研究，前人已做了大量工作，但其往往侧重于均质散粒在静止状态下的侧压力分布特性。基于急倾斜中厚矿体开采导致地表塌陷的研究背景，任凤玉教授提出了临界散体柱支撑理论，该理论考虑了矿体倾角及散体坡面角的影响，成功应用于弓长岭铁矿、西石门铁矿、小汪沟铁矿及锡林浩特萤石矿的岩移分析中。由于矿岩散体粒径分布不均匀，彼此间相互作用较复杂，在上述理论研究成果的基础上，重点研究放矿扰动下散体侧压力的变化规律、移动散体的临界散体柱作用形式、临界散体柱和临界深度的确定及其主要影响因素，以便更好地将理论应用于实际，解决由崩落法开采引起的地表陷落范围预测的难题。因此，分析放矿扰动下散体侧压力的变化规律，并阐明临界散体柱的作用形式，对于理论指导实践具有重要意义。

1.3 地表岩移与沉陷的监测方法研究

随着矿山安全意识的提升，地表监测技术也越来越受到重视。监测手段也由以前的地表沉降点监测逐渐转变为遥感手段监测。遥感手段监测具有周期短、多频次、范围广、效率高及不受时间和空间约束等特点。1906 年，美国学者 G. L. Laurence 首次利用遥感技术对地震灾害进行监测。随着遥感技术的快速发展，美国、日本、加拿大及英国等国家相继将遥感技术应用在灾害监测中。2004 年，Nagai 等在国际摄影测量与遥感年会上讲述了建立数字表面模型的新方法。俄罗斯研发的 Agisoft PhotoScan 可以更加清晰和灵活地处理航拍图片，使得生成影像更加自动化。2011 年，沈永林等研发了一种基于低空影响和无人机飞控数据的灾场三维重建方法。2016 年，马国超等结合遥感技术、无人机航拍及三维激光扫描等技术，对尾矿库进行病害监测分析，实现尾矿库监测—评价—预防系统性的安全量化评估。2018 年，杨静亚采用无人机对凡口铅锌矿进行航拍，并使用 GIS 技术对图像和数据进行处理，得到了拥有知识产权和版权的电子地图。随着 IRS、IKONOS、OrbView、QUICKBIRD 等高分辨率遥感卫星及 Hyperion、Hymap、AVIRIS 等高光谱遥感平台的出现，遥感技术在灾害监测领域的应用日益成熟。2006 年，王晓红等使用 Landsat卫星，法国 SPOT-4、SPOT-5 及洛克西德马丁 IKONOS 卫星对我国河北唐山地区遥感监测数据进行了对比分析。王宝存等利用多光谱扫描仪、Landsat 及资源 2 号卫星的多光谱对开滦煤矿地面塌陷积水进行了动态监测。2008 年，偶星等利用北京一号，Landsat-7，法国 SPOT-4、SPOT-5 及 QUICKBIRD 卫星对辽宁鞍山矿区进行监测，实现了以整体、局部、宏观、微观为一体的监测手段。20 世纪 60 年代，西方发达国家相继发射卫星，如今已形成了集合技术研发、接收数据和信息处理等的一条完整生产链。Ferrier 对西班牙 Rodaquilar铜矿进行长期监测，并使用 EEPW 对地表沉降进行了分析。Janusz 等使用大地测量技术探索了波兰 Legnica-Glogow 铜矿的地面变形和沉降原因。2005年，Sigrid 等将遥感技术和 GIS 技术应用在吉尔吉斯斯坦某盆地山体滑坡的危险评价中，并制定了地理信息系统各层次信息提取技术的方法。2010 年，Kim 等把 GIS 技术和证据权法模型运用到韩国三陟市某煤矿中，在建立 GIS系统的基础上，利用证据权法评价矿山地质灾害的危险程度。

综上所述，地表岩移与沉陷监测的研究主要集中于地表沉降点监测、遥感手段监测及后续监测图片的识别技术。在此基础上，重点研究由崩落法开采引起的地表岩移的监测方法，对于实现矿山的安全开采具有重要意义。

1.4 塌陷区内尾砂干排技术研究回顾

随着我国矿产资源开发力度的增加，尾砂排放量也迅速增加。目前绝大部分尾矿都存放在地表尾矿库中，利用率仅为8.3%左右。尾矿库堆存不仅会造成严重的资源浪费，也会对环境产生直接污染。另外，尾矿库还存在一定的安全隐患，尾矿库溃坝等重大事故时有发生。尾矿排放带来的安全和环境隐患，使国内外学者不断研究和发展绿色高效的尾矿处理技术，目前已经取得了很多成果。尾矿干式堆存是近年来发展起来的一种新型尾矿处置方法，是将尾矿经脱水处理后产出的一种高浓度膏体状尾矿，甚至可以脱水至不再适合泵送的湿度。脱水后，尾矿可以采用干法运输和堆存设备干式堆存于地表，然后用推土机将其推平压实，以形成不饱和、致密稳固的尾矿堆。尾矿干式堆存的关键在于尾矿脱水后可以达到相当高的浓度，在堆积过程中不会发生离析现象，离析水量很少，具有一定的支撑强度，堆积后能够自然形成一定高度的山脊状。干式堆存具有基建投资少、维护简单及综合成本低等优点。目前，尾矿干式堆存方法已在美国格林克里克地区的矿山、加拿大的 Ekai Diamond 矿和 Kidd Creek 矿、坦桑尼亚的 Bulyanhulu 矿、俄罗斯的 Kubaka 矿、印度的 Hindustan 矿，以及中国的寿王坟铜矿、归来庄金矿和金岭铁矿等矿山中应用。但是，干排尾砂由于没有黏结强度或黏结强度较小，遇水极易发生泥化，甚至发生崩溃，且干排尾矿经风力携带进入大气也会造成大面积空气颗粒污染等问题，因此，干排尾砂在干式堆存区域的选择上有严格限制，多选择在峡谷、低洼、平地及已废弃的塌陷区等区域内堆存。龙涛等基于承德铜兴矿业公司的开采现状，研究了塌陷区尾矿干式排放工艺技术，解决了承德铜兴矿业的尾砂堆存和塌陷区治理的技术难题。魏书祥采用室内实验、理论分析、小型工业试验及数值模拟等方法，得到了尾砂固结胶凝材料配比规律及最小安全配比、高效浓缩脱水最优工艺参数及固结堆存体稳定时的最大安全堆置高度以及尾砂固结排放工艺系统优化方案。孙伟以铜坑矿地表活动塌陷区内膏体处置工程为研究背景，得出了塌陷区膏体处置工艺及应用方法。王洪江等将浓密脱水后的高浓度全尾砂浆，与骨料筒仓及粉料筒仓排出的粗骨料和水泥，经搅拌机制备成混合浆体，浆体泵送至塌陷区内，以"平面分区交替、竖向胶结－非胶结互层"的排放方式对塌陷区进行回填。马俊通过实验室试验和数值模拟相结合的方法，研究了金山店铁矿地表塌陷坑内回填体的移动变化规律，并制定了合理的回填工艺和安全措施。张友志等以矿山地表塌陷区为工程背景，基于颗粒流法和 PFC 2D 程序，对塌陷区进行多种回填工艺模拟，得出在不同回填工艺下回填处置体的运移规律，并对回填工艺进行优化与选择。雒凯使用相似模拟试验与数值模拟计算相结合的方法研究了余华寺矿区塌陷坑尾矿干式堆存条件下深部开采的可行性。

矿山开采强度日益增大，其对自然环境的破坏和居民身体的危害越来越严重，因此，需要对矿山进行覆绿处理，恢复矿区自然环境，提升居民生活质量。矿山覆绿技术是指通过采用工程及生物等技术手段对因矿山开发导致的地质环境问题进行综合治理，使矿山自然环境稳定，生态环境得以恢复。早在20 世纪三四十年代，发达国家就对覆绿技术进行了研究。西欧和美国一般采用液压喷播、活枝捆垛和绿化墙等方式进行环境覆绿处理。因日本国土较小，故其对生态环境极为重视，对环境覆绿技术的研究较为领先。1973 年，日本开发出纤维土绿化方法，随后开发出高次团粒 SF 绿化工法和连续纤维绿化方法，截至目前，日本客土喷播技术已开发出 20 多种绿化方法。我国对于植被护坡技术的研究始于 20 世纪 80 年代中期，在 90 年代以后得到迅猛发展。目前，我国矿山覆绿技术主要有覆土绿化、挡墙蓄坡绿化、开凿平台绿化、边坡钻孔绿化、鱼鳞坑蓄土绿化、挂网喷播绿化、生态袋绿化、生态草毯绿化、飘台绿化及植生混凝土绿化等。2009 年，李小琴概述了废弃采石场治理的必要性，并重点讲述了石壁绿化技术和采石场复绿植物的选择。2011 年，王蓉丽等对浙中金华地区废弃矿山进行了覆绿处理。2015 年，袁磊等对山东章丘废弃矿山石灰岩质高陡边坡地境的覆绿技术进行了研究。2016 年，李成论述了陕西省高强度采矿区矿山地质环境问题的发育特征，介绍了目前常用的复绿措施，并按照不同斜坡发育特征进行了最优化选择，达到了最大限度恢复原有生态环境和地形地貌景观的目的。2019 年，高云峰等阐述了露天矿硬岩边坡覆绿技术现状及存在的问题。

综上所述，对于尾砂干排地表休眠期塌陷区的排放工艺和安全措施的研究，矿山及科研工作者开展了大量工作并且取得了许多重要成果，但对尾砂干排至采动地表塌陷区及放矿扰动对尾砂穿流特性的影响规律的研究较少。因此，在上述研究的基础上，提出尾砂干排采动地表塌陷区的排放工艺和安全措施，对矿山绿色高效开采意义重大。

第 2 章　放矿扰动下地表陷落范围
预测模型构建

目前，较有代表性的地表沉陷预测模型有上盘岩体渐进崩落的极限平衡分析法、临界散体柱支撑理论、筒状陷落极限平衡分析法、概率积分法及棱柱体理论等。这些理论对本书的研究有一定借鉴意义，但前四种模型较少考虑放矿扰动的影响和地表充填散体的动态过程。临界散体柱支撑理论考虑了散体的支撑作用，缩小了预测值和实际值的差距，但该理论主要是结合矿山实际情况进行统计分析或使用工程类比法来预测地表陷落范围，从而影响了其推广使用。因此，本章参考地表沉陷预测理论，基于临界散体柱支撑理论和上盘岩体渐进崩落的极限平衡分析法，结合崩落法开采特点，考虑放矿扰动的影响和地表充填散体的动态过程，提出放矿扰动下地表陷落范围预测模型，以期为工程实际提供借鉴和指导，也为类似矿体回采引起的采动地表陷落范围预测提供借鉴。

2.1　地表沉陷预测模型

地表沉陷按下沉的连续性可以分为连续下沉和不连续下沉。连续下沉形成一个没有阶梯状变化的光滑地表下沉面，一般不会产生灾难性后果。不连续下沉是在一个有限地表面积上产生很大的地表位移，并在下沉剖面上产生阶梯状变化或不连续间断面，其可能逐渐发展，也可能突然发生，产生的范围变化往往比较大，且在某种情况下会产生灾难性后果。因此，预测地表陷落范围对于保障矿山安全生产、提高矿山开采经济效益至关重要。

岩体成岩作用、成岩时间及成岩的矿物成分不同，形成了多个类型的岩层厚度不等、强度不同的多层岩层。由于岩体地质结构和工程结构的复杂性，在进行理论研究时，常常将复杂的问题抽象成理论模型进行分析。目前，比较有代表性的地表沉陷预测模型主要有以下五种。

2.1.1 上盘岩体渐进崩落的极限平衡分析法

上盘岩体渐进崩落的极限平衡分析法最早是由 Hoek 提出的，之后 Brown 和 Ferguson 将此方法推广到考虑倾斜地表和张裂隙以及剪切面中地下水作用的情况中。该理论认为，从矿体地下开采或从一个露天采场开采时，上盘围岩会出现逐渐破坏的情况，在每一个开采阶段，总要在上盘岩体中的一个岩体强度和岩体力决定的位置上形成张裂隙和剪切破坏面。上盘岩体渐进崩落的极限平衡分析法的理想化模型如图 2.1 所示。

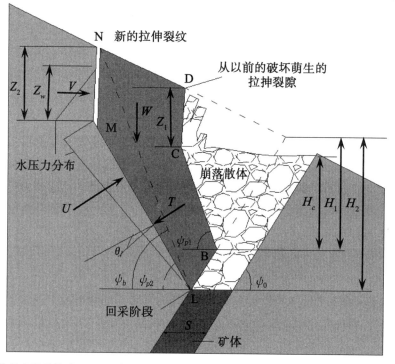

c'—岩体的有效黏聚力；H_1—产生破坏时的开采深度；H_2—产生后继续破坏时的开采深度；
H_c—崩落材料的深度；S—矿体宽度；T—崩落散体施加在破坏面上的推力；
T_c—崩落散体施加在下盘岩体上的推力；U—破坏面上的水压力；V—张裂隙中的水压力；
W—楔形体滑动岩体的重量；W_c—崩落材料的质量；Z_1—初始张裂隙缝深度；
Z_2—后续张裂隙缝深度；Z_w—张裂缝中的水深；α—上部地表的坡度角；
γ—未采动前岩体的容重；γ_c—崩落散体的容重；γ_w—水的容重；
θ_t—T 与破坏面法线之间的夹角；σ_n'—破坏面上的有效法向应力；τ—破坏面上的剪力；
β—岩体的有效内摩擦角；β_w—崩落散体与未采动岩体之间的摩擦角；ψ_0—矿体倾角；
ψ_b—崩落角；ψ_{p1}—初始破坏面倾角；ψ_{p2}—后继破坏面倾角

图 2.1 上盘岩体渐进崩落的极限平衡分析法的理想化模型

上盘岩体渐进崩落的极限平衡分析法做出如下假设：

（1）上盘面的初始位置是由已知的几何参数 H_1、H_c、Z_1 及 ψ_{p1} 确定的。

（2）新开采水平 H_2 的崩落范围是由上一个达到临界深度并与矿体平行的张裂隙决定的。

（3）上盘岩体的破坏是沿一个临界剪切平面发生的，该剪切平面的位置可由岩体强度和施加的有效应力来确定。

（4）上盘岩体具有均匀和各向同性的力学性质，它的剪切应力由库伦判断的有效应力形式来确定。

（5）在分析过程中，对已崩落岩体和正在崩落岩体中的应力分布做了简化。

根据图 2.1，得出岩体 BCDNML 的重量为：

$$W = \frac{\gamma}{2} \Big[H_2^2 \frac{\sin(\psi_0 + \alpha)\sin(\psi_{p2} + \psi_0)}{\sin^2\psi_0 \sin(\psi_{p2} - \alpha)} - H_1^2 \frac{\sin(\psi_0 + \alpha)\sin(\psi_{p1} + \psi_0)}{\sin^2\psi_0 \sin(\psi_{p1} - \alpha)} +$$

$$Z_1^2 \frac{\cos\alpha \cos\psi_{p1}}{\sin(\psi_{p1} - \alpha)} - Z_2^2 \frac{\cos\alpha \cos\psi_{p2}}{\sin(\psi_{p2} - \alpha)} \Big] \tag{2.1}$$

崩落散体所引起的推力为：

$$T = \frac{1}{2}\gamma_c H_c^2 K \tag{2.2}$$

垂直作用于破坏面的水压力为：

$$U = \frac{1}{2}\gamma_w Z_w \frac{H_2(\sin\alpha \cot\psi_0 + \cos\alpha) - Z_2\cos\alpha}{\sin(\psi_{p2} - \alpha)} \tag{2.3}$$

根据 Mohr-Coulomb 强度准则，可以得出极限平衡条件为：

$$W\cos(\psi_{p2} - \beta) + T\sin(\theta - \beta) + \frac{1}{2}\gamma_w Z_w \cos(\psi_{p2} - \beta) + U\sin\beta$$

$$= \frac{c'\cos\beta \big[H_2(\sin\alpha \cot\psi_0 + \cos\alpha) - Z_2\cos\alpha \big]}{\sin(\psi_{p2} - \beta)} \tag{2.4}$$

将式（2.1）～式（2.3）代入式（2.4）中，得出发生破坏时新的开采深度 H_2 的二次方程为：

$$\Big(\frac{\gamma H_2}{c'}\Big)^2 \frac{\sin(\alpha + \psi_0)\big[\sin(\psi_{p2} + \psi_0)\sin(\psi_{p2} - \beta) - 2\sin\psi_0 \cos\beta\big]}{\sin^2\psi_0} -$$

$$\Big(\frac{\gamma H_2}{c'}\Big)^2 \Big[\frac{\sin(\alpha + \psi_0)\gamma_w Z_w \sin\beta}{c'\sin\psi_0}\Big] -$$

$$\Big(\frac{\gamma H_1}{c'}\Big)^2 \frac{\sin(\alpha + \psi_0)\sin(\psi_{p1} + \psi_0)\sin(\psi_{p2} - \beta)\sin(\psi_{p2} - \alpha)}{(\sin\psi_0)^2 \sin(\psi_{p1} - \alpha)} -$$

$$\Big(\frac{\gamma Z_2}{c'}\Big)^2 \cos\alpha \sin\psi_{p2} \sin(\psi_{p2} - \beta) + \Big(\frac{\gamma Z_1}{c'}\Big)^2 \frac{\cos\alpha \cos\psi_{p1} \sin(\psi_{p2} - \beta)\sin(\psi_{p2} - \alpha)}{\sin(\psi_{p1} - \alpha)} +$$

$$\frac{\gamma_w}{\gamma}\left(\frac{\gamma Z_w}{c'}\right)^2 \cos(\psi_{p2}-\beta)\sin(\psi_{p2}-\alpha)\frac{\gamma_c}{\gamma}\left(\frac{\gamma H_c}{c'}\right)^2 K\sin(\theta-\beta)\sin(\psi_{p2}-\alpha)+$$

$$\frac{2\gamma Z_2\cos\alpha}{c'}\left(\cos\beta-\frac{\gamma_w Z_w\sin\beta}{2c'}\right)=0 \tag{2.5}$$

对式（2.5）中 Z_2 项求导，并保持 ψ_{p2} 为常数，令其结果为零，得出临界拉裂隙深度为：

$$Z_2=\frac{c'\cos\beta}{\cos\psi_{p2}\sin(\psi_{p2}-\beta)\gamma} \tag{2.6}$$

保持 Z_2 为常数，对式（2.5）中 ψ_{p2} 微分，令 $\frac{\partial Z_2}{\partial \psi_{p2}}=0$，得出临界破坏面倾角的表达式为：

$$\psi_{p2}=\frac{1}{2}\left(\beta+\cos^{-1}\frac{X}{\sqrt{X^2+Y^2}}\right) \tag{2.7}$$

式中，

$$X=\left(\frac{\gamma H_1}{c'}\right)^2\frac{\sin(\alpha+\psi_0)\sin(\psi_{p1}+\psi_0)\cos\alpha}{(\sin\psi_0)^2\sin(\psi_{p1}-\alpha)}-\left(\frac{\gamma H_2}{c'}\right)^2\frac{\sin(\alpha+\psi_0)\cos\psi_0}{(\sin\psi_0)^2}-$$

$$\left(\frac{\gamma Z_1}{c'}\right)^2\frac{\cos\psi_{p1}(\cos\alpha)^2}{\sin(\psi_{p1}-\alpha)}-\frac{\gamma_c}{\gamma}\left(\frac{\gamma H_c}{c'}\right)^2 K\cos(\psi_{p1}+\alpha-\beta)+\frac{\gamma_w}{\gamma}\left(\frac{\gamma Z_w}{c'}\right)^2\cos\alpha$$

$$Y=\left(\frac{\gamma H_1}{c'}\right)^2\frac{\sin(\alpha+\psi_0)\sin(\psi_{p1}+\psi_0)\sin\alpha}{\sin^2\psi_0\sin(\psi_{p1}-\alpha)}+\left(\frac{\gamma H_2}{c'}\right)^2\frac{\sin(\alpha+\psi_0)}{\sin\psi_0}-$$

$$\left(\frac{\gamma Z_1}{c'}\right)^2\frac{\cos\psi_{p1}\cos\alpha\sin\alpha}{\sin(\psi_{p1}-\alpha)}+\frac{\gamma_w}{\gamma}\left(\frac{\gamma Z_w}{c'}\right)^2\sin\alpha-\frac{\gamma_c}{\gamma}\left(\frac{\gamma H_c}{c'}\right)^2 K\sin\begin{pmatrix}\psi_{p1}+\\ \alpha-\beta\end{pmatrix}-$$

$$\left(\frac{\gamma Z_2}{c'}\right)^2\cos\alpha$$

2.1.2 临界散体柱支撑理论

根据现场实际情况，随着开采深度的不断增加，棱柱体理论预测的陷落范围的误差越来越大，导致大量矿石积压，造成严重的资源浪费和经济损失。面对这种情况，任凤玉教授提出临界散体柱支撑理论来解决深部开采引起的地表陷落范围预测难题。一定开采深度引起的地表塌陷范围中存在一个临界高度，当塌陷区内的散体在这个临界高度之上时，散体侧向支撑力就可以防止边壁岩体发生碎胀破坏，边壁片落或滑落活动也将趋于停止，此时陷落范围也就随之稳定，在临界高度之上以固定错动角的方式预测陷落范围。临界散体柱支撑理论预测地表陷落范围如图 2.2 所示。该理论考虑了散体的支撑作用，缩小了预测值和实际值之间的差距，在弓长岭井下矿、锡林浩特萤石矿及西石门铁矿的应用中取得成功，但该理论主要是结合矿山实际情况进行统计分析或使用工程类比法来确定临界散体柱高度和地表陷落范围。中钢锡林浩特萤石矿和弓长岭铁矿现场实测的临界散体柱相关参数统计分别见表 2.1、表 2.2。

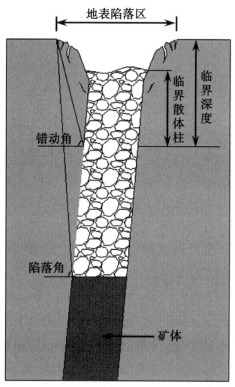

图 2.2 临界散体柱支撑理论预测地表陷落范围

表 2.1 中钢锡林浩特萤石矿的临界散体柱相关参数统计

地质 剖面线	散体 总高度（m）	矿体倾角 （°）	矿体平均 厚度（m）	厚跨比 （%）	临界散体柱 高度（m）
Ⅰ	107.3	80	7.6	7.1	41.9
Ⅱ	111.1	83	7.2	6.4	39.7
Ⅲ	95.8	88	5.7	5.9	33.2
Ⅳ	100.2	86	6.1	6.1	34.8

表2.2 弓长岭铁矿的临界散体柱相关参数统计

地质剖面线	开采深度（m）	矿体倾角（°）	临界散体柱高度（m）	陷落角（°）
9	446.62	88	159.97	84
11	494.34	86	187.40	85
12	408.34	78	159.20	89
12B	385.91	87	117.83	86
13	455.96	86	99.65	89
14	481.45	87	142.65	86
15	528.27	76	158.34	94
16	521.86	81	170.29	89
18	636.79	85	161.97	88

表2.1和表2.2表明，临界散体柱高度随着矿体倾角的增大而逐渐减小，且临界散体柱高度随着厚跨比的增加呈现非线性增长，表明临界散体柱高度与厚跨比呈正相关。当矿体厚度不变时，增加塌陷区内散体总高度或减小厚跨比，可以降低临界散体柱的高度，此时对塌陷区进行充填更有利于边壁岩体的稳定；当散体总高度不变时，厚跨比主要由矿体厚度决定，矿体厚度越大，厚跨比越大，临界散体柱高度越高。

2.1.3 筒状陷落的极限平衡分析法

具有垂直周界面的破坏体的极限平衡分析法由 Atkinson 提出。它不仅可以估计筒状陷落发展的最终破坏条件，还可以对柱塞式下沉陷落的最终破坏条件进行评估。该理论认为，在重力作用下，当岩块的垂直边界面上产生的剪切阻力被超过时，岩块将产生垂直向下的刚体滑移。因此，做出如下假设：

（1）垂直原岩应力由 $\sigma_{zz} = \gamma z$ 确定。其中，z 为到地表的深度，m；γ 为上覆盖岩层的容重，$N \cdot m^{-3}$。所有的水平法向应力为 $\sigma_{xx} = \sigma_{yy} = k\gamma z$，$k$ 为一个常数。

（2）在距离地表 d 位置的水压力为零，且水压力具有一个随深度增加的初始水压递增率。

（3）在采场上盘面的水压力为零，且在此处具有随深度增加而减小的无穷大的递减率。

根据假设（2）和（3）可以得出如图2.3所示的双曲线水压力分布图。

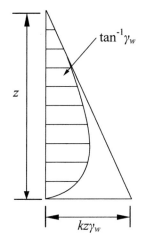

图 2.3　双曲线水压力分布图

将该力学模型简化为一个宽为 a、底长为 b 的矿体（图 2.4），其中两个表面位于矿体的走向方向，另外两个表面位于矿体的倾向方向，矿体倾角为 α，矿体的最大高度为 h。

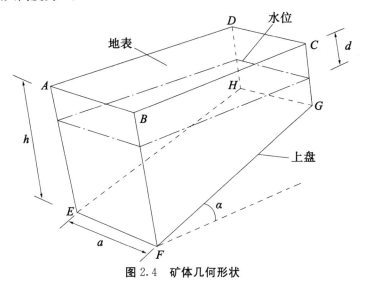

图 2.4　矿体几何形状

在此情况下，得出总抗剪切阻力为：

$$Q = 2Q_{BCGF} + Q_{DCGH} + Q_{ABFE} \tag{2.8}$$

式中，Q 为整个周界面上的抗剪力，$Q = \int_0^p \int_0^z \tau \mathrm{d}z \mathrm{d}p$；$\tau$ 为边界面上产生的极限垂直剪切应力；z、p 为边界面元。

根据有效应力形式的 Hoke-Brown 强度准则，整个周界面上的抗剪力可表示为：

$$Q = \int_0^p \int_0^z \left[c' + (\gamma z - \mu(z,\ p)) \tan\varphi \right] \mathrm{d}z \, \mathrm{d}p \tag{2.9}$$

（1）当 $0 \leqslant d \leqslant h - b\sin\alpha$ 时，各侧表面的抗剪切阻力为：

$$Q_{BCGF} = \frac{b \cdot \cos\alpha}{2} c (2h - b\sin\alpha) + k\gamma \tan\varphi \left[h^2 - bh\sin\alpha + \frac{(b\sin\alpha)^2}{3} \right] -$$

$$\frac{2\gamma_w \tan\varphi}{3} \left[h^2 - hb\sin\alpha + \frac{(b\sin\alpha)^2}{3} - d(2h - b\sin\alpha - d)^2 \right] \tag{2.10}$$

$$Q_{DCGH} = a \left[c'(h - b\sin\alpha) + \frac{k\gamma \tan\varphi}{2}(h - b\sin\alpha)^2 - \frac{\gamma_w \tan\varphi}{3}(h - b\sin\alpha - d)^2 \right] \tag{2.11}$$

$$Q_{ABFE} = a \left[c'h + \frac{k\gamma h^2 \tan\varphi}{2} - \frac{\gamma_w \tan\varphi}{3}(h - d)^2 \right] \tag{2.12}$$

岩体的总重为：

$$W = \gamma a b \cos\alpha \left(h - \frac{1}{2} b\sin\alpha \right) \tag{2.13}$$

在垂直周界面上产生剪切破坏的安全系数为：

$$F = \frac{Q}{W} \tag{2.14}$$

因此，当 $0 \leqslant d \leqslant h - b\sin\alpha$ 时，在垂直周界面上产生剪切破坏的安全系数为：

$$F = \frac{2c'(a + b\cos\alpha)}{\gamma a b \cos\alpha} + \frac{k\tan\varphi}{2h - b\sin\alpha} \left\{ \frac{h^2 + (h - b\sin\alpha)^2}{b\cos\alpha} + \frac{2}{a} \left[h(h - b\sin\alpha) + \right. \right.$$

$$\left. \left. \frac{(b\sin\alpha)^2}{3} \right] \right\} - \frac{2\gamma_w \tan\varphi}{3\gamma(2h - b\sin\alpha)} \left\{ \frac{h^2 + (h - b\sin\alpha)^2 - 2d(2h - b\sin\alpha - d)}{b\cos\alpha} + \right.$$

$$\left. \frac{2}{3a} \left[3h(h - b\sin\alpha) + (b\sin\alpha)^2 \right] \right\} \frac{2\gamma_w d(2h - b\sin\alpha - d)\tan\varphi}{\gamma(2h - b\sin\alpha)} \tag{2.15}$$

（2）当 $h \geqslant d \geqslant h - b\sin\alpha$ 时，各侧表面的抗剪切阻力为：

$$Q_{BCGF} = \frac{b\cos\alpha}{2} \left\{ c(2h - b\sin\alpha) + k\gamma \tan\varphi \left[h^2 - bh\sin\alpha + \frac{(b\sin\alpha)^2}{3} \right] \right\} -$$

$$\frac{\gamma_w (h - d)^3 \tan\varphi}{9\tan\alpha} \tag{2.16}$$

$$Q_{DCGH} = a \left[c'(h - b\sin\alpha) + \frac{k\gamma \tan\varphi}{2}(h - b\sin\alpha)^2 \right] \tag{2.17}$$

$$Q_{ABFE} = a \left[c'h + \frac{k\gamma h^2 \tan\varphi}{2} - \frac{\gamma_w \tan\varphi}{3}(h - d)^2 \right] \tag{2.18}$$

因此，当 $h \geqslant d \geqslant h - b\sin\alpha$ 时，在垂直周界面上产生剪切破坏的安全系数为：

$$F = \frac{2c'(a + b\cos\alpha)}{\gamma ab\cos\alpha} + \frac{k\tan\varphi}{2h - b\sin\alpha}\left\{\frac{h^2 + (h - b\sin\alpha)^2}{b\cos\alpha} + \frac{2}{a}\left[h(h - b\sin\alpha) + \right.\right.$$

$$\left.\left.\frac{(b\sin\alpha)^2}{3}\right]\right\} - \frac{2\gamma_w(h - d)^2\tan\varphi}{3\gamma b(2h - b\sin\alpha)}\left[\sec\alpha + \frac{2(h - d)}{3a\sin\alpha}\right] \tag{2.19}$$

（3）当 $d \geqslant h$ 时，各侧表面的抗剪切阻力为：

$$Q_{BCGF} = \frac{b\cos\alpha}{2}\left\{c(2h - b\sin\alpha) + k\gamma\tan\varphi\left[h^2 - bh\sin\alpha + \frac{(b\sin\alpha)^2}{3}\right]\right\} \tag{2.20}$$

$$Q_{DCGH} = a\left[c'(h - b\sin\alpha) + \frac{k\gamma\tan\varphi}{2}(h - b\sin\alpha)^2\right] \tag{2.21}$$

$$Q_{ABFE} = a\left(c'h + \frac{k\gamma h^2\tan\varphi}{2}\right) \tag{2.22}$$

因此，当 $d \geqslant h$ 时，在垂直周界面上产生剪切破坏的安全系数为：

$$F = \frac{2c'(a + b\cos\alpha)}{\gamma ab\cos\alpha} + \frac{k\tan\varphi}{2h - b\sin\alpha}\left\{\frac{h^2 + (h - b\sin\alpha)^2}{b\cos\alpha} + \right.$$

$$\left.\frac{2}{a}\left[h(h - b\sin\alpha) + \frac{(b\sin\alpha)^2}{3}\right]\right\} \tag{2.23}$$

2.1.4　概率积分法

概率积分法是一种预测地表开采沉降的常用方法，它是基于随机介质理论而发展起来的。该理论将岩体当作一种随机介质，把岩层看作是由大量松散的颗粒介质组成的，颗粒介质的运动用颗粒的随机移动来表征，并将大量的颗粒介质移动看作是随机过程。按随机介质理论，单元开采引起的地表单元下沉盆地呈现出正态分布，与概率密度的分布一致。

基于概率积分法的开采沉陷预计公式，地表任意点 $P(x, y)$ 的下沉量 $W(x, y)$ 为：

$$W_{p(x, y)} = W_{\max}C_xC_y \tag{2.24}$$

$$W_{\max} = qtM\cos\psi_0 \tag{2.25}$$

$$C_x = \frac{1}{2}\left[erf\left(\sqrt{\pi}\frac{x}{r}\right) - erf\left(\sqrt{\pi}\frac{x - l}{r}\right)\right] \tag{2.26}$$

$$C_y = \frac{1}{2}\left[erf\left(\sqrt{\pi}\frac{y}{r_1}\right) - erf\left(\sqrt{\pi}\frac{y - L}{r_2}\right)\right] \tag{2.27}$$

式中，$W_{\max}$ 为最大下沉量；q 为下沉系数；t 为时间系数，是一个在 $[0, 1]$ 区

23

间内的数；M 为开采深度；ψ_0 为矿体倾角；C_x、C_y 为待求点在走向和倾向主断面投影点处的下沉分布系数；l 为采区走向长度；L 为采区倾向开采宽度；$r = H\tan^{-1}\beta$，$r_1 = H_1\tan^{-1}\beta$，$r_2 = H_2\tan^{-1}\beta$ 分别是采场走向方向、下山方向及上山方向的影响半径；$\tan\beta$ 为主要影响角正切值；H、H_1、H_2 为采场走向方向、下山方向及上山方向的开采深度。

地表任意点 $P(x，y)$ 沿 φ 方向倾斜变形值 T_φ 为：

$$T_\varphi = T_{(x)}C_y\cos\varphi + T_{1,2(y)}C_x\sin\varphi \tag{2.28}$$

$$T_{(x)} = \frac{W_{\max}}{r}\left[\exp\left(-\sqrt{\pi}\left(\frac{x}{r}\right)^2\right) - \exp\left(-\sqrt{\pi}\left(\frac{x-l}{r}\right)^2\right)\right] \tag{2.29}$$

$$T_{1,2(y)} = \frac{W_{\max}}{r_{1,2}}\left[\exp\left(-\sqrt{\pi}\left(\frac{x}{r}\right)^2\right) - \exp\left(-\sqrt{\pi}\left(\frac{y-L}{r_{1,2}}\right)^2\right)\right] \tag{2.30}$$

式中，$T_{(x)}$、$T_{1,2(y)}$ 为待求点沿走向和倾向在主断面投影处迭加后的倾斜变形值；$r_{1,2}$ 为倾斜方向上、下山边界的平均影响半径。

地表任意点 $P(x，y)$ 沿 φ 方向的曲率变性值 K_φ 为：

$$K_\varphi = K_{(x)}C_y\cos^2\varphi + K_{1,2(y)}C_x\sin^2\varphi + \frac{T_{1,2(y)}T_x}{W_{\max}}\sin2\varphi \tag{2.31}$$

$$K_x = -2\pi\frac{W_{\max}}{r^2}\left[\frac{x}{r}\exp\left(-\pi\left(\frac{x}{r}\right)^2\right) - \frac{x-l}{r}\exp\left(-\pi\left(\frac{x-l}{r}\right)^2\right)\right] \tag{2.32}$$

$$K_{1,2(y)} = -2\pi\frac{W_{\max}}{r_{1,2}^2}\left[\frac{y}{r_1}\exp\left(-\pi\left(\frac{y}{r_1}\right)^2\right) - \frac{y-L}{r_2}\exp\left(-\pi\left(\frac{y-L}{r_2}\right)^2\right)\right] \tag{2.33}$$

式中，$K_{(x)}$、$K_{1,2(y)}$ 为待求点沿走向和倾向在主断面投影处迭加后的曲率值。

地表任意点 $P(x，y)$ 沿 φ 方向的水平移动值 U_φ 为：

$$U_\varphi = U_{(x)}C_y\cos\varphi + U_{(y)}C_x\sin\varphi \tag{2.34}$$

$$U_x = bW_{\max}\left[\exp\left(-\pi\left(\frac{x}{r}\right)^2\right) - \exp\left(-\pi\left(\frac{x-l}{r}\right)^2\right)\right] \tag{2.35}$$

$$U_{(y)} = bW_{\max}\left[\exp\left(-\pi\left(\frac{y}{r_1}\right)^2\right) - \exp\left(-\pi\left(\frac{y-L}{r_2}\right)^2\right)\right] \tag{2.36}$$

式中，$U_{(x)}$、$U_{(y)}$ 为待求点沿走向和倾向在主断面投影处的水平移动值；b 为水平移动系数。

地表任意点 $P(x，y)$ 沿 φ 方向的水平变形值 ε_φ 为：

$$\varepsilon_\varphi = \varepsilon_{(x)}C_y\cos^2\varphi + \varepsilon_{1,2(y)}C_x\sin^2\varphi + \frac{U_{1,2(y)}T_x + U_xT_{1,2(y)}}{2W_{\max}}\sin2\varphi \tag{2.37}$$

$$\varepsilon_x = -2\pi b\frac{W_{\max}}{r}\left[\frac{x}{r}\exp\left(-\pi\left(\frac{x}{r}\right)^2\right) - \frac{x-l}{r}\exp\left(-\pi\left(\frac{x-l}{r}\right)^2\right)\right] \tag{2.38}$$

$$\varepsilon_{1,\,2(y)} = -2\pi b \frac{W_{\max}}{r_{1,\,2}} \left[\frac{y}{r_1} \exp\left(-\pi \left(\frac{y}{r_1} \right)^2 \right) - \frac{y-L}{r_2} \exp\left(-\pi \left(\frac{y-L}{r_2} \right)^2 \right) \right]$$

$$(2.39)$$

式中，$\varepsilon_{(x)}$、$\varepsilon_{1,\,2(y)}$ 为待求点沿走向和倾向在主断面投影处迭加后的水平变形值。

2.1.5　棱柱体理论

棱柱体理论是采用固定陷落角的方式来预测陷落范围的，地表陷落范围随采深增加而扩大。棱柱体理论认为，随着开采向下延伸，急倾斜和倾斜采区顶盘的岩层分割成棱柱体沿斜面下滑，使地表塌陷，滑移面与水平面呈一定夹角，并由这一角度的大小决定地表陷落范围。该理论判定陷落沿直线发生，这种判断在近地表开采及覆岩沿大断裂或构造面滑移时符合实际情况。大量实际资料证明，随着采深增加或采深与开采跨度比值增大，陷落（滑移）线的形态随之变化，当采深达到临界深度时，陷落不波及地表，即上盘存在与矿体倾向相反的结构面（大断裂除外），陷落也并不沿直线发生，导致理论圈定的陷落范围远大于矿山实际陷落范围。棱柱体理论预测地表陷落范围如图 2.5 所示。

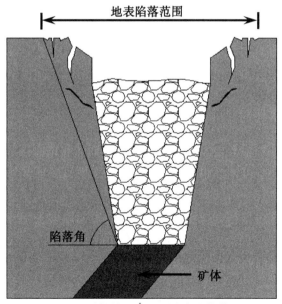

图 2.5　棱柱体理论预测地表陷落范围

前述五种理论是目前地表陷落范围预测中运用较广泛的。其中，上盘岩体渐进崩落的极限平衡分析法和临界散体柱理论都可以较好地预测由崩落法开采引起的地表陷落范围，能够较准确地判断地表塌陷区的稳定情况。但上盘岩体渐进崩落的极限平衡分析法对放矿扰动的影响及地表充填散体的动态过程研究较少,而随着开采深度不断增加,这些研究是迫切需要的。临界散体柱理论考虑了散体的支撑作用,缩小了预测值和实际值之间的差距,但该理论主要是结合矿山实际情况进行统计分析或使用工程类比法来确定临界散体柱高度和地表陷落范围,限制了其推广应用。本书综合考虑实验矿山的矿岩结构特点、崩落法的开采特点、岩体力学参数、矿岩散体力学参数、放矿扰动及地表充填散体的动态过程等因素,构建由崩落法开采引起的采动地表陷落范围预测模型。

2.2 陷落范围预测模型的构建

基于临界散体柱支撑理论和上盘岩体渐进崩落的极限平衡分析法,结合实验矿山的矿体分布特点和开采方案,考虑放矿扰动的影响和地表充填散体的动态过程,构建放矿扰动下地表陷落范围预测模型,得出临界散体柱高度和地表陷落范围。

工程实践中,边壁内各岩层具有不同的力学性质和岩层厚度,不同位置的充填散体也具有不同的力学性质。对地表陷落形成机理进行理论分析时,如果精确考虑各方面因素,得到的方程则会十分复杂,甚至无法求解,更难以应用到工程实际中。因此,需要根据研究对象的性质和需求做出适当简化和基本假设。

当空区冒透地表后,四周围岩是否发生片落取决于围岩自身强度与散体的侧向支撑力。当强度一定时,如果有足够大的侧向支撑力,围岩则不会发生侧向片落。由此可见,塌陷区侧向扩展过程受岩体自身强度与塌陷区内散体支撑作用的共同影响。根据临界散体柱支撑理论,当塌陷区内的散体在这个临界高度之上时,散体侧压力就可以防止边壁岩体发生碎胀破坏,边壁片落或滑落活动也将趋于停止。根据岩体力学性质和地质条件,假定边壁末端与岩体为一个整体。综上所述,可以做出如下基本假设和简化:

(1)忽略岩层倾角对岩层稳定性的影响,认为岩体在水平方向为无限延伸。

(2)岩体在受表面垂直的荷载时,最下层深处应力、应变和位移都为零。岩体受到的水平应力为垂直应力的 γ 倍。

(3)散体都具有相同密度、孔隙度、内摩擦角及安息角,与边壁的摩擦角均相同,且认为是无黏性的。

(4)边壁岩体在垂直应力和水平应力的作用下发生破坏,当应力小于其强度时,岩体处于弹性状态;当应力大于其强度时,岩体发生破坏(即将岩体视为理想弹塑性模型)。

(5)边壁岩体内聚力和内摩擦角大体一致。

(6)上盘岩体的破坏是沿一个临界剪切平面发生的,该剪切平面的位置可由岩体强度和施加的有效应力来确定。

(7)分析过程中,对已崩落岩体和正在崩落岩体中的应力分布做了简化。

(8)上盘面的初始位置和初始参数是由初始塌陷区的位置和形态推导得出的。

根据实验矿山的实际情况,得出雨水量较小。基于临界散体柱支撑理论和上盘岩体渐进崩落的极限平衡分析法,考虑放矿扰动的影响和地表充填散体的动态过程,构建放矿扰动下地表陷落范围预测模型,式(2.5)可转化为:

$$\left(\frac{\gamma H_2}{c'}\right)^2 \frac{\left[\sin(\psi_{p2}+\phi_0)\sin(\psi_{p2}-\beta)-2\sin\phi_0\cos\beta\right]}{\sin\phi_0} - \left(\frac{\gamma Z_2}{c'}\right)^2 \cos\psi_{p2}\sin(\psi_{p2}-$$

$$\beta)-\left(\frac{\gamma H_1}{c'}\right)^2\frac{\sin(\psi_p+\phi_0)\sin(\psi_{p2}-\beta)\sin\psi_{p2}}{\sin\phi_0\sin\psi_{p1}}+\left(\frac{\gamma Z_1}{c'}\right)^2\cot\psi_{p1}\sin(\psi_{p2}-\beta)\sin\psi_{p2}+$$

$$\frac{2\gamma Z_2\cos\beta}{c'}+\frac{\eta_r\tan\psi_{p1}\gamma\gamma_c\left[(H_1-Z_1)\tan\psi_{p1}+S\right]\sin(\theta-\beta)\sin\psi_{p2}}{c'^2\tan\beta_w\left[(H_1-Z_1)\tan\psi_{p1}+S+1\right]}\cdot\left\{H_t\left\{H_t+\right.\right.$$

$$\frac{(H_1-Z_1)\tan\psi_{p1}+S}{2\left[(H_1-Z_1)\tan\psi_{p1}+S+1\right]\tan\beta_w K}\cdot\left\{e^{\frac{2[(H_1-Z_1)\tan\psi_{p1}+S+1]\tan\beta_w K}{(H_1-Z_1)\tan\psi_{p1}+S}H_t}-1\right\}\right\}+\frac{H_c-H_t}{\sin\psi_{p1}}\cdot$$

$$\left\{H_c-H_t+\frac{(H_1-Z_1)\tan\psi_{p1}+S}{2\left[(H_1-Z_1)\tan\psi_{p1}+S+1\right]\tan\beta_w K}\cdot\left\{e^{\frac{2[(H_1-Z_1)\cdot\tan\psi_{p1}+S+1]\tan\beta_w K}{(H_1-Z_1)\tan\psi_{p1}+S}H_c}-\right.\right.$$

$$\left.\left.\left.e^{\frac{2[(H_1-Z_1)\tan\psi_{p1}+S+1)\tan\beta_w K}{(H_1-Z_1)\tan\psi_{p1}+S}H_t}\right\}\right\}\right\}=0 \tag{2.40}$$

式中,f 为散体与侧壁的摩擦系数,$f=\tan\beta_w$;K 为散体的侧压力系数;H_t 为位于拉裂缝深度以上的崩落材料高度,m;η_r 为放矿扰动下上盘边壁散体侧压力强度变化率的拟合函数。

崩落角与开采深度的关系式为:

$$\psi_b=\arctan\left[\frac{H}{H_f(\cot\psi_0+\cot\beta_0)-H\cot\psi_0}\right] \tag{2.41}$$

式中,β_0 为岩体错动角,°;H 为开采深度,m;H_f 为临界深度,m。

根据崩落角和破坏面倾角的几何关系,得出它们的关系式为:

$$\tan\psi_{b2}=\frac{H_2}{H_2-Z_2}\tan\psi_{p2} \tag{2.42}$$

对式(2.40)进行求解,可得 H_2 的表达式为:

$$H_2=f\left[a+(a^2+b^{\frac{1}{2}})\right] \tag{2.43}$$

式中，

$$b = \left(\frac{\gamma H_1}{c'}\right)^2 \frac{\sin(\psi_{p1} + \psi_0)\sin\psi_{p2}}{\sin\psi_{p1}\sin(\psi_{p2} + \psi_0)} - \left(\frac{\gamma Z_1}{c'}\right)^2 \frac{\cos\psi_{p1}\sin\psi_{p2}\sin\psi_0}{\sin\psi_0\sin(\psi_{p2} - \psi_0)} +$$

$$\left(\frac{\gamma Z_2}{c'}\right)^2 \frac{\cos\psi_{p2}\sin\psi_0}{\sin(\psi_{p2} - \psi_0)} - 2\left(\frac{\gamma Z_2}{c'}\right)\frac{\cos\beta\sin\psi_0}{\sin(\psi_{p2} + \psi_0)\sin(\psi_{p2} - \beta)} -$$

$$\frac{\eta_r\tan\psi_{p1}\gamma\gamma_c[(H_1 - Z_1)\tan\psi_{p1} + S]\sin(\theta - \beta)\sin\psi_{p2}\sin\psi_0}{c'^2\tan\beta_w[(H_1 - Z_1)\tan\psi_{p1} + S + 1]\sin(\psi_{p2} + \psi_0)\sin(\psi_{p2} - \beta)} \cdot$$

$$\left\{ H_t \left\{ H_t + \frac{(H_1 - Z_1)\tan\psi_{p1} + S}{2[(H_1 - Z_1)\cdot\tan\psi_{p1} + S + 1]\tan\beta_w K} \cdot \right.\right.$$

$$\left.\left\{ e^{\frac{2[(H_1 - Z_1)\tan\psi_{p1} + S + 1]\tan\beta_w K}{(H_1 - Z_1)\tan\psi_{p1} + S}H_t} - 1 \right\} \right\} + \frac{H_c - H_t}{\sin\psi_{p1}} \cdot$$

$$\left\{ H_c - H_t + \frac{(H_1 - Z_1)\tan\psi_{p1} + S}{2[(H_1 - Z_1)\tan\psi_{p1} + S + 1]\tan\beta_w K} \cdot \right.$$

$$\left.\left.\left\{ e^{\frac{2[(H_1 - Z_1)\tan\psi_{p1} + S + 1]\tan\beta_w K}{(H_1 - Z_1)\tan\psi_{p1} + S}H_c} - e^{\frac{2[(H_1 - Z_1)\tan\psi_{p1} + S + 1]\tan\beta_w K}{(H_1 - Z_1)\tan\psi_{p1} + S}H_t} \right\} \right\} \right\};$$

$$f = \frac{c'}{\gamma};\ a = \frac{\sin\psi_0\cos\beta}{\sin(\psi_{p2} + \psi_0)\sin(\psi_{p2} - \beta)}\circ$$

对式（2.40）中 Z_2 项求导，并保持 ψ_{p2} 为常数，令其结果为零，得出临界拉裂隙深度为：

$$Z_2 = \frac{c'\cos\beta}{\cos\psi_{p2}\sin(\psi_{p2} - \beta)\gamma} \tag{2.44}$$

保持 Z_2 为常数，对式（2.40）中 ψ_{p2} 微分，令 $\dfrac{\partial Z_2}{\partial\psi_{p2}} = 0$，得出临界破坏面倾角的表达式为：

$$\psi_{p2} = \frac{1}{2}\left(\beta + \cos^{-1}\frac{X}{\sqrt{X^2 + Y^2}}\right) \tag{2.45}$$

式中，

$$X = \left(\frac{\gamma H_1}{c'}\right)^2 \frac{\sin(\psi_{p1} + \psi_0)}{\sin\psi_0\sin\psi_{p1}} - \left(\frac{\gamma H_2}{c'}\right)^2 \cot\psi_0 - \left(\frac{\gamma Z_1}{c'}\right)^2 \cot\psi_{p1} -$$

$$\frac{\eta_r\tan\psi_{p1}\gamma\gamma_c[(H_1 - Z_1)\tan\psi_{p1} + S]\cos(\psi_{p1} - \beta)}{c'^2\tan\beta_w[(H_1 - Z_1)\tan\psi_{p1} + S + 1]} \cdot$$

$$\left\{ H_t \left\{ H_t + \frac{(H_1 - Z_1)\tan\psi_{p1} + S}{2[(H_1 - Z_1)\tan\psi_{p1} + S + 1]\tan\beta_w K} \cdot \right.\right.$$

$$\left.\left\{ e^{\frac{2[(H_1 - Z_1)\tan\psi_{p1} + S + 1]\tan\beta_w K}{(H_1 - Z_1)\tan\psi_{p1} + S}H_t} - 1 \right\} \right\} + \frac{H_c - H_t}{\sin\psi_{p1}} \cdot$$

$$\left\{ H_c - H_t + \frac{(H_1 - Z_1)\tan\psi_{p1} + S}{2[(H_1 - Z_1)\tan\psi_{p1} + S + 1]\tan\beta_w K} \cdot \right.$$

$$\left\{ e^{-\frac{2[(H_1-Z_1)\tan\psi_{p1}+S+1]\tan\beta_w K}{(H_1-Z_1)\tan\psi_{p1}+S}H_c} - e^{-\frac{2[(H_1-Z_1)\tan\psi_{p1}+S+1]\tan\beta_w K}{(H_1-Z_1)\tan\psi_{p1}+S}H_t} \right\}\right\}\right\};$$

$$Y = \left[\frac{\gamma H_2}{c'}\right]^2 - \left(\frac{\gamma Z_2}{c'}\right)^2 - \frac{\eta_r \tan\psi_{p1} \gamma \gamma_c [(H_1-Z_1)\tan\psi_{p1}+S]\sin(\psi_{p1}-\beta)}{c'^2 \tan\beta_w [(H_1-Z_1)\tan\psi_{p1}+S+1]} \cdot$$

$$\left\{ H_t \left\{ H_t + \frac{(H_1-Z_1)\tan\psi_{p1}+S}{2[(H_1-Z_1)\tan\psi_{p1}+S+1]\tan\beta_w K} \cdot \right.\right.$$

$$\left. \left(e^{-\frac{2[(H_1-Z_1)\tan\psi_{p1}+S+1]\tan\beta_w K}{(H_1-Z_1)\tan\psi_{p1}+S}H_t} - 1 \right) \right\} + \frac{H_c - H_t}{\sin\psi_{p1}} \cdot$$

$$\left\{ H_c - H_t + \frac{(H_1-Z_1)\tan\psi_{p1}+S}{2[(H_1-Z_1)\tan\psi_{p1}+S+1]\tan\beta_w K} \cdot \right.$$

$$\left. \left\{ e^{-\frac{2[(H_1-Z_1)\tan\psi_{p1}+S+1]\tan\beta_w K}{(H_1-Z_1)\tan\psi_{p1}+S}H_c} - e^{-\frac{2[(H_1-Z_1)\tan\psi_{p1}+S+1]\tan\beta_w K}{(H_1-Z_1)\tan\psi_{p1}+S}H_t} \right\} \right\} \right\}$$

为了求出临界散体柱高度和采动地表陷落范围，计算步骤如下：

（1）令 $\psi_{p2}=0.5(\psi_{p1}+\beta_w)$。

（2）根据式（2.42），得出 ψ_{b2} 的估计值。

（3）根据式（2.43），得出 H_2 的数值。

（4）根据式（2.44），得出 Z_2 的数值。

（5）根据式（2.45），得出 ψ_{p2} 的估计值。

（6）根据得出的 ψ_{p2} 的数值与赋予值进行比较。若不相等，用得到的 ψ_{p2} 的估计值代替赋予值，循环计算，直到连续两次数值之差小于 0.1%。

（7）令 $H_1-H_c=H_l$（即散体表面到地表的距离）保持不变，$H_2=H_1$，$\psi_{p2}=\psi_{p1}$，$Z_2=Z_1$，$\psi_{b2}=\psi_{b1}$，重复步骤（1）～（6），直到得出的 H_2 大于矿体的最大设计开挖深度为止。

（8）令 H_l 每次增加 1%，重复步骤（1）～（7），直到连续两次 $H_{2(n-1)}\cot\psi_{b2(n-1)} + H_{2(n-1)}\cot\psi_0$ 的差值小于 0 为止。

（9）得到的 $H_{2(n-1)}$ 即为临界深度，$H_{2(n-1)}-[1+1\% \cdot (n-1)]H_l$ 即为临界散体柱高度，$H_{2(n-1)}\cot\psi_{b2(n-1)} + H_{2(n-1)}\cot\psi_0 + S$ 即为采动地表陷落范围。

临界散体柱支撑理论充分考虑了散体的支撑作用，根据建筑物的保护级别，按照错动角向下延伸，达到临界深度时，竖直向下延深形成一个柱形保护区域（图 2.6），保证塌陷区内散体达到临界散体柱高度，即可使建筑物不遭受岩移威胁。

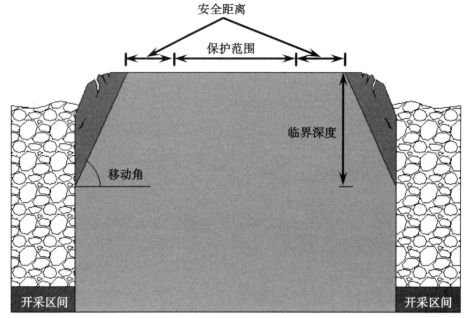

图 2.6　地表保护范围与临界深度示意图

根据图 2.6 得出，保护区域的计算公式为：

$$\begin{cases} r_f = 2H_n\cot\zeta + L + 2L_f, & H_n < H_f \\ r_f = 2H_f\cot\zeta + L + 2L_f, & H_n \geqslant H_f \end{cases} \tag{2.46}$$

式中，r_f 为保护区域范围，m；L 为地表保护范围的宽度，m；L_f 为地表保护范围界限与地表移动带边缘的安全距离，m；H_n 是正在开采分段的深度，m；ζ 为移动角，°，移动角可以通过陷落角换算（在临界散体柱支撑理论中，陷落角被错动角替代），一般情况下，陷落角比移动角约大 5°。

2.3　预测模型分析

基于临界散体柱支撑理论和上盘岩体渐进崩落的极限平衡分析法，考虑放矿扰动的影响和地表充填散体的动态过程，建立放矿扰动下地表陷落范围预测模型。通过力学模型分析得出，充填散体可以限制上盘岩体的碎胀破坏。当充填散体的高度达到临界散体柱高度时，可以保证在一定的开采深度内引起的地表陷落范围不会扩张。根据放矿扰动下地表陷落范围预测模型，分别对各参数进行讨论分析。

（1）岩体内聚力 c' 和内摩擦角 β。

通过力学模型分析得出，岩体的内聚力 c' 和内摩擦角 β 越大，临界拉裂缝深度越大,临界散体柱高度和地表陷落范围越小。因为岩体内部颗粒的黏结力和摩擦力增大,导致岩体破坏所需应力增大,从而增加临界拉裂缝深度,减小临界散体柱高度和地表陷落范围。

(2)岩体容重 γ。

通过力学模型分析得出,岩体的容重 γ 越大,临界拉裂缝深度越小,临界散体柱高度和地表陷落范围越大。矿产实际生产中,层状岩体容重 γ 越大,岩体越重,岩体就容易垮落。

(3)充填散体容重 γ_c。

通过力学模型分析得出,充填散体的容重 γ_c 越大,临界散体柱高度和地表陷落范围越小。充填散体的容重 γ_c 越大,散体侧压力越大,从而减小临界散体柱高度和地表陷落范围。

(4)矿体倾角 ψ_0。

通过力学模型分析得出,矿体倾角 ψ_0 越大,临界散体柱高度和地表陷落范围越小,此结论与生产实际相符。

2.4　初始塌陷区的体积及位置预测

根据预测模型得出,初始塌陷区形态和内部散体体积对地表陷落范围的推导有重要意义。初始塌陷区是由地下空区大冒落形成的。在空区顶板围岩的冒落过程中,围岩冒落将会导致岩体体积变大,使冒落区的体积随冒落矿石量的增加而持续变小,直到冒透地表以后,剩余的冒落区体积转变为初始塌陷区。因此,稳定状态下初始塌陷区体积应等于空区大冒落后的剩余空间体积。

2.4.1　冒落体体积

空区有效冒落面积可以简化为等价椭圆,则空区冒透地表时冒落体积为:

$$V_1 = \frac{2}{3}\pi abc \tag{2.47}$$

式中,V_1 为冒落体积,m^3;a 为空区等价椭圆的长半轴,m;b 为空区等价椭圆的短半轴,m;c 为空区顶板埋深,m。

2.4.2　初始塌陷区内的散体体积

根据初始塌陷区形态和散体分布,得出塌陷区内散体体积为:

$$V_s = \pi ab \int_0^h \left(1 - \frac{z^2}{c^2}\right) \mathrm{d}z = \pi ab \left(h - \frac{h^3}{3c^2}\right) \tag{2.48}$$

式中，V_s 为初始塌陷区内的散体体积，m^3；h 为冒落体内的散体高度，m。

2.4.3 空区剩余空间体积

根据空区冒落前后的体积变化关系可得：

$$V = V_n - (\alpha - 1)V_1 \tag{2.49}$$

式中，V_n 为冒落区可占据的体积，m^3；α 为冒落岩体的平均碎胀系数，金属矿山中，α 一般为 $1.12 \sim 1.25$。

根据式（2.49）可知，当 $V < 0$ 时，空区不能冒透地表；当 $V \approx 0$ 时，在地表形成断裂凹坑；当 $V > 0$ 时，在地表形成漏斗状塌陷区。

2.4.4 侧向崩落体积

根据现场实践可知，初始塌陷区的岩体边壁内倾，倾角为 $75° \sim 85°$。设初始塌陷区的短半轴为 b_1，由短半轴端点按倾角 β_l 作直线，与冒落拱相交，在如图 2.7 所示坐标系中，交点的坐标为：

$$\begin{cases} z = \dfrac{c^2 b_1 \cot\beta_l + c^3 \cot\beta_l + cb\sqrt{b^2 - b_1^2 - 2cb_1\cot\beta_l}}{(c\cot\beta_l)^2 + b^2} \\ y = b_1 + (c - z)\cot\beta_l \end{cases} \tag{2.50}$$

式中，b_1 为初始塌陷区的短半轴，m；β_l 为岩体侧向崩落边界线倾角，$°$。

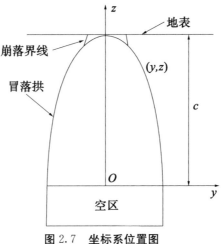

图 2.7 坐标系位置图

根据图 2.7 中的几何关系及上述公式，对冒落及侧向崩落的岩体进行积分计算，得出侧向崩落体积为：

$$V_t = \frac{\pi}{3\theta_m}(c-z)(y^2+b_1^2+yb_1)-\pi ab\left(\frac{2}{3}c-z+\frac{z^3}{3c^2}\right) \qquad (2.51)$$

式中，θ_m 为初始塌陷区短半轴与长半轴的比值，可以采用空区冒落等价椭圆短半轴与长半轴的比值估算，一般为 $0.6 \sim 1.0$。

2.4.5 塌陷区体积

漏斗状塌陷区可以简化为椭圆锥形，其体积可表示为：

$$V_l = \int_0^h \pi(a_1-x\cdot\cot\alpha)(b_1-x\cdot\cot\alpha)\,\mathrm{d}x \qquad (2.52)$$

令 $b_1=\theta_m a_1$，$h=a_1+\tan\varphi$，式（2.52）转化为：

$$V_l = \frac{1}{6}\pi\theta_m^2 a_1^3(3-\theta_m)\tan\varphi \qquad (2.53)$$

式中，φ 为塌陷区边壁等价坡面角（°），一般为 $46° \sim 60°$。

2.4.6 初始塌陷区位置确定方法

（1）初始塌陷区中心位置。

在均匀扩展空区面积的条件下，当空区冒落拱进入地表弱化层（第四纪岩层与风化层）时，对应的空区跨度可视为临界大冒落跨度。空区冒落高度计算式为：

$$h_m = \frac{\gamma H L^2}{8T_c d+\gamma L^2} \qquad (2.54)$$

式中，γ 为空区上覆岩体平均容重，$t\cdot m^{-3}$；H 为空区底板埋深，m；L 为空区跨度，m；T_c 为空区上覆原生岩体的抗压强度，$t\cdot m^{-2}$；d 为承压拱顶部围岩承受水平压力的等价厚度，m。

设地表弱化岩层厚度为 h_f，令 $h_m = H-h_f$，代入式（2.54）整理得出：

$$L_j = 2\sqrt{\frac{2(H-h_f)T_c d}{\gamma h_f}} \qquad (2.55)$$

式中，L_j 为空区临界持续冒落跨度，m；h_f 为地表弱化岩层厚度，等于地表第四纪岩层与风化层厚度之和，m。

当空区跨度达到临界大冒落跨度时，在空区水平投影面内作冒落等价椭圆，将其中心所在位置投影到地表，得出初始塌陷区中心的位置。

（2）初始塌陷区的半径。

整理上述算式，得出地表塌陷区长半轴 a_1 及短半轴 b_1 的计算式为：

$$\begin{cases} a_1 = \left(\dfrac{6V_n - 4(\alpha - 1)\,\pi abc}{\pi \theta_m{}^2 (3 - \theta_m)\,\tan\varphi}\right)^{\frac{1}{3}} \\ b_1 = \theta_m a_1 \end{cases} \quad (2.56)$$

根据初始塌陷区的中心位置和半径，再乘以适当的安全系数，即得出初始塌陷区形态和内部散体体积。

第3章 塌陷区内散体柱支撑作用实验研究

由于岩体原始应力平衡状态被破坏，从而引发不同程度的地压显现，严重的还会引起地表沉降，或者形成明显的塌陷区。塌陷区内散体随着采矿的进行而持续下移，导致塌陷区边壁失去侧向支撑力而发生片落，从而造成地表陷落及岩移范围扩展。因此，在地表陷落范围预测和岩移控制的研究中，应重视散体对塌陷区边壁的支撑力，并据此揭示塌陷区散体柱支撑作用机理，获得散体侧压力的变化规律，进一步完善放矿扰动下地表陷落范围预测模型。

3.1 塌陷区内散体柱支撑作用分析

塌陷区内散体随着回采的进行而不断下移，散体顶部施加在塌陷区边壁上的侧向支撑力也随之卸除，受采动应力、自重应力及结构面等的作用，将导致边壁围岩发生倾倒或滑移破坏，岩体由于失去支撑作用而相继发生碎胀破坏，从而造成塌陷区向外扩展。如果这些即将失稳的块体受到散体侧向支撑力的作用，则上部裂隙块体将趋于稳定而不会发生变形或破坏，如图 3.1 所示。塌陷

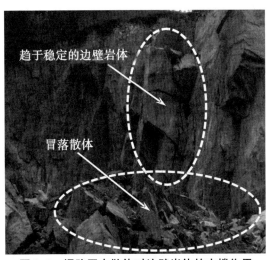

图 3.1 塌陷区内散体对边壁岩体的支撑作用

区内散体提供的侧向支撑力,通过阻碍边壁岩体的变形和片帮,来限制地表陷落范围的发展。

通过弓长岭铁矿、小汪沟铁矿、西石门铁矿及锡林浩特萤石矿现场监测结果得出,塌陷坑内散体的支撑作用限制了地表陷落范围的扩展,使地表陷落范围随采深的增大而呈现非线性增长,导致按传统线性关系圈定的地表陷落范围存在一定偏差。临界散体柱支撑理论认为,在特定的开采深度条件下,塌陷区内存在一个散体柱,当散体堆积达到一定高度时,散体柱存在一个临界深度,临界深度上方的散体柱提供的侧压力可以限制边壁岩体片帮,进而有效遏制地表陷落范围的扩展;临界深度下方散体的压缩刚度非常大,提供的侧压力消除了边壁岩体片帮及破碎所需的碎胀空间,使边壁岩体保持近似原位条件下所表现的完整岩体的自稳强度。临界深度上方的散体柱称为临界散体柱。在以往的研究中,临界散体柱支撑理论主要是结合矿山实际陷落情况进行统计分析,对于散体侧压力变化规律的研究相对较少。因此,重点研究静止状态及放矿扰动下散体侧压力的变化规律,对于揭示移动散体的临界散体柱支撑作用机理具有重要意义。

3.2 散体侧压力变化规律研究

塌陷区内散体侧压力通过限制边壁岩体的变形与片帮,遏制地表陷落范围的扩展。因此,散体侧压力分布规律是预测地表陷落范围的重要因素。有关散体侧压力变化规律的研究,前人已经做了大量工作,但往往侧重于均质散粒体在静止状态下侧压力变化特性的研究,忽略了放矿扰动对散体侧压力的影响。在采矿过程中,塌陷区内散体会随着放矿过程的进行而不断向下移动,导致散体侧压力分布发生变化,进而使地表陷落范围预测出现偏差。本书在前人研究的基础上,考虑放矿扰动的影响,以实验矿山矿岩散体为原型,应用相似理论得出设备尺寸,以矿体倾角为影响因素,设计放矿扰动对散体侧压力的影响规律实验,揭示塌陷区内散体柱支撑作用机理。

3.2.1 实验参数的选取

实验参数的选取以相似理论为指导,兼顾实验条件和崩落法放矿工艺特点。在实际的相似模拟实验中,很难做到所有物理力学参数都满足相似准则,因此需要根据实验目的,选取主要的相似准则进行实验设计。本次相似模拟实验主要研究放矿扰动对散体侧压力的影响规律,因此,选取 $a_\sigma = a_l a_\gamma$ 作为主要相似准则。

（1）几何相似常数。

实验矿山主体采用无底柱分段崩落法与诱导冒落法开采。每三个分段组成一个诱导冒落法的回采单元，回采单元高度为 30～40m，采用无贫化放矿。结合东北大学散体侧压力实验设备尺寸（长×宽×高＝50cm×25cm×160cm），本次实验几何相似常数取 a_l＝100，即模型高度 1m 模拟现场高度 100m。回采单元高度选取为 30m，所以模型中矿体放置厚度为 0.3m。选用白云岩作为实验材料，并将其破碎成粒径不大于 9mm 的散体颗粒，按矿山崩落矿石散体级配，筛选散体颗粒（表 3.1）。白云岩散体的密度是 2146kg·m^{-3}，内摩擦角是 39.5°，与设备的摩擦角是 37.8°。

表 3.1 散体粒径

粒径（mm）	＜3	3～6	6～9
质量百分比（%）	24.6	38.6	36.8

（2）容重相似常数。

已知混合矿岩密度为 2650kg·m^{-3}，平均碎胀系数约为 1.15，相似材料容重为 2146kg·m^{-3}，因此，容重相似常数 a_γ＝1.056。

（3）时间相似常数。

时间相似常数为 a_t＝$a_l^{0.5}$＝10，按现场正规作业要求和放矿时间，以 min 为单位进行时间相似比模拟。

（4）初始状态与边界条件模拟。

散体颗粒最重要的初始状态是散体的结构特征、粒径分布特征及力学性质等。矿山原型条件复杂，爆破作业后，破碎散体的力学性质不尽相同，且粒径分布较为复杂，所以模拟矿山原型存在较大困难。因此，本书简化矿山原型的散体颗粒特征，希望从中找到放矿扰动对散体侧压力的影响规律。根据相似理论，模型的边界条件应尽量与原型一致。矿山原型中开采水平具有充足的宽度和长度。对于矿岩散体，开挖引起的应力重分布的范围约等于放出体空间的 3～5 倍，加上周边铁板的限制问题，模拟的范围至少应大于放出体空间的 3 倍。本组实验放出体高度为 30cm，根据散体侧压力实验设备尺寸（长×宽×高＝50cm×25cm×160cm），模型尺寸能够满足相似理论的要求。

3.2.2 实验设备及测试系统简介

本次实验采用吉林省金力实验技术有限公司和东北大学共同设计的散体颗

粒流动侧向压力测试系统（图 3.2、图 3.3）进行数据采集。测试系统由散体实验装置和数据采集装置组成。为保证设备在实验过程中稳固安全，放矿设备由 32 块铝合金板构成，每块板的高度为 10cm，长度为 50cm，厚度为 2.5mm。为了采集到更多的样本，尽量不影响数据的准确性，每隔一块板设置一个传感器采集通道，共 16 个通道，1♯～8♯通道放置在靠近放矿口一侧，9♯～16♯通道放置在远离放矿口一侧，1♯通道与 9♯通道为最下部采集通道，8♯通道与 16♯通道为最上部采集通道。为了使设备更加稳固，数据传输更加顺畅，钢板外边缘有两个光滑的轴与外框架固定，钢板与框架之间连接一个 CSF-1A 位移传感器，钢板的重量靠轴杆和框架支撑，光滑轴杆可使钢板受散体侧压力完全传递至传感器，传感器通过数据线传至监测主机。为了方便调节矿体倾角，靠近放矿口一侧安装支撑杆，借此调整实验设备倾角。同时，为了更好地观测矿体倾角，设备侧壁上放置角度显示器。为了更好地模拟不同的回采方案，设备最下端依次开设 1♯～4♯放矿口，放矿口尺寸为 3cm×3cm。

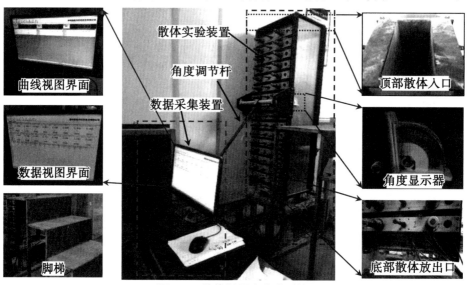

图 3.2　散体侧压力实验系统

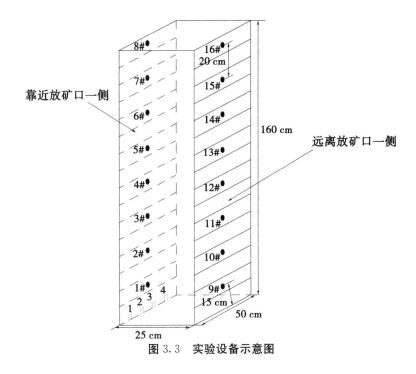

图 3.3　实验设备示意图

3.2.3　放矿扰动下散体侧压力的变化规律研究

散体侧压力的变化规律是构建采动地表陷落范围预测模型的重要因素。本节基于大北山铁矿的实际生产情况，设计了放矿扰动下矿体倾角、回采顺序及散体粒径对散体侧压力的影响规律实验，分析放矿扰动下散体侧压力的变化趋势。

陈喜山等基于 Janssen 理论，推导出一定角度下散体侧压力的计算方法，得到了特定的修正方法和公式拓展的 Janssen 理论，并在薄矿脉的开采中得到验证，散体侧压力强度分布规律的表达式为：

$$p = \frac{\gamma S}{fC} \sin a \left(1 - \frac{f}{\tan a}\right) \left(1 - e^{-\frac{fKC}{S \sin a}z}\right) \tag{3.1}$$

式中，γ 为散体的重度，$N \cdot m^{-3}$；S 为类料仓水平投影面积，m^2；C 为类料仓水平投影周长，m；f 为散体与侧壁的摩擦系数，$f = \tan \phi$，ϕ 为散体与侧壁的摩擦角，$°$；z 为散体的垂深，m；K 为散体的侧压力系数。

张东杰等基于锡林浩特萤石矿的实际生产情况，得出不同矿体倾角条件下散体侧压力的变化规律，静止状态下散体侧压力随散体深度的增加而呈现指数增长趋势，这一现象基本符合拓展的 Janssen 理论对散体侧压力分布规律的描述。

因此，基于上述研究，可以选用拓展的 Janssen 理论作为放矿扰动对散体侧压力影响规律实验的理论基础。

3.2.3.1 放矿扰动下矿体倾角对散体侧压力的影响规律研究

为了保证颗粒的流动性与力学性质相近，将散体颗粒染成红色模拟矿石，白色散体颗粒作为覆盖岩层。根据相似理论，得出放置红色散体颗粒的厚度是 0.3m。为了更好地研究松动体的影响，采用无贫化放矿，根据放矿实验经验及散体侧压力设备尺寸，得出每次放矿量约为 200g，选取 1♯～4♯ 放矿口等量均匀放矿，当放矿口出现白色散体时，停止对该放矿口放矿。选取 90°、85°、80°、75° 作为本次实验的矿体倾角，共四组实验。根据调节倾角后的实验设备形态，将远离放矿口一侧边壁定义为上盘（9♯～16♯ 通道），靠近放矿口一侧边壁定义为下盘（1♯～8♯ 通道）。

1. 实验过程

放矿扰动下矿体倾角对散体侧压力的影响规律实验步骤如下：①将实验设备调节至 90°，打开数据测试装置，检查 16 个测试通道是否正常，确认无误后，将连接每个传感器的移动轴杆推至最外侧，对软件进行清零操作并保存数据；②使用弹性材料封堵底部 4 个放矿口，先将红色散体按要求装入实验设备，再将白色散体装入实验设备，直至装满为止，静置 20min，记录静止状态下各通道的散体侧压力；③对 1♯～4♯ 放矿口等量均匀放矿，每次放矿量约为 200g，记录各通道的散体侧压力，当放矿口出现白色散体时，就停止对该放矿口放矿，直至四个放矿口都有白色散体颗粒出现为止；④一次实验结束后，分别调节设备到 85°、80° 和 75°，重复步骤②和③。

2. 实验结果

图 3.4 是方案一中各通道的散体侧压力与放矿次数的关系图。放矿过程中，1♯ 通道测量值不断减小，减小速率随着放矿次数的增加逐渐减小，最后趋于稳定，测量值的降低率是 10.05%。2♯ 通道测量值随着放矿次数的增加先增大后减小，并逐渐趋于平稳，测量值的降低率是 7.61%。初始放矿时，放出体和松动体的范围较小，位于松动体范围外的散体未受到放矿影响，且摩擦系数逐渐增大，导致散体侧压力不断增加。随着放矿过程的进行，放出体和松动体的范围不断增大，当松动体范围达到通道测试范围时，散体发生松散，造成通道测量值逐渐减小，但减小速率随着放矿次数的增加逐渐趋于平稳。3♯ 通道测量值的变化趋势与 2♯ 通道基本相同，均为随着放矿次数的增加呈现先增大后减小的趋势，并逐渐趋于平稳，但 3♯ 通道测量值的增大次数多于

2♯通道，且3♯通道测量值的减小速率小于2♯通道。3♯通道测量的散体范围大于2♯通道，导致3♯通道测量值增大次数多于2♯通道，测量值的降低率是2.16%。4♯～7♯通道测量值随着放矿次数的增加而逐渐增大，但增大速率随着放矿次数的增加逐渐减小，增长较为缓慢。8♯通道测量值呈现下降趋势。9♯通道测量值的减小速率随着放矿次数的增加逐渐减小，最后趋于稳定，测量值的降低率是8.06%。10♯通道测量值随着放矿次数的增加先增大后减小，并逐渐趋于平稳，测量值的降低率是6.34%。11♯～15♯通道测量值随着放矿次数的增加而增大，但增长较为缓慢。16♯通道测量值呈现下降趋势。因为通道测量范围内散体轻微减小，所以8♯通道和16♯通道测量值呈现下降趋势。

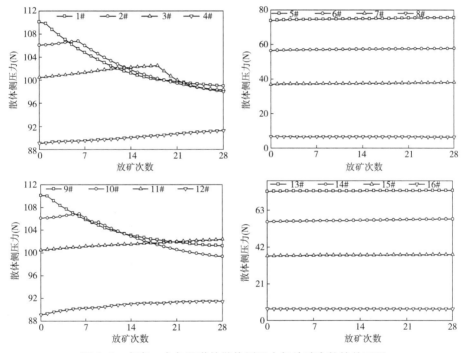

图 3.4　方案一中各通道的散体侧压力与放矿次数的关系图

构建采动地表陷落范围预测模型时，需要对散体侧压力强度进行积分计算。由于各传感器表面积相同，因此散体侧压力的变化规律与散体侧压力强度的变化规律相同。将放矿口两侧的散体侧压力进行积分处理，再与静止状态下散体侧压力积分进行比较和拟合分析，得出侧压力变化率与放矿次数的拟合曲线，即为侧压力强度变化率与放矿次数的拟合曲线。图3.5分别是矿体上、下盘边壁侧压力强度变化率与放矿次数的拟合曲线。

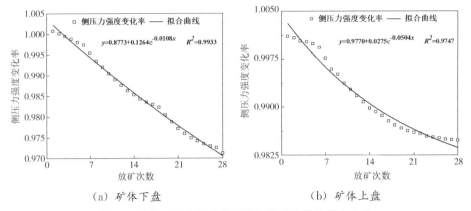

（a）矿体下盘 （b）矿体上盘

图3.5 散体侧压力强度变化率与放矿次数的拟合曲线

　　根据上述分析得出，当矿体倾角为90°时，散体侧压力强度变化率的拟合函数为：

$$\eta_1 = (0.8773 + 0.1264 \mathrm{e}^{-2.03 \times 10^{-4} m})^{\frac{n}{4}} \tag{3.2}$$

$$\eta_2 = (0.9770 + 0.0275 \mathrm{e}^{-9.45 \times 10^{-4} m})^{\frac{n}{4}} \tag{3.3}$$

式中，η_1 为矿体下盘边壁散体侧压力强度变化率；η_2 为矿体上盘边壁散体侧压力强度变化率；m 为一个崩矿步距内放出矿体的质量，t；n 为一个中段的回采进路数量。

　　图3.6是方案二中各通道的散体侧压力与放矿次数的关系图，其变化趋势与方案一相似。但矿体下盘边壁散体侧压力的降低率小于方案一，矿体上盘边壁散体侧压力的降低率则相反。1♯通道测量值随着放矿次数的增加而减小，其降低率是9.07%。2♯通道和3♯通道的测量值随着放矿次数的增加呈现先增大后减小的趋势，并逐渐趋于平稳，其降低率分别是5.75%和1.90%。4♯～7♯通道测量值随着放矿次数的增加逐渐增大。8♯通道测量值呈现下降趋势。9♯通道测量值随着放矿次数的增加而减小，其降低率是9.56%。10♯通道测量值随着放矿次数的增加而先增大后减小，并逐渐趋于平稳，其降低率是7.16%。11♯～15♯通道测量值随着放矿次数的增加而增大。16♯通道测量值呈现出下降趋势。

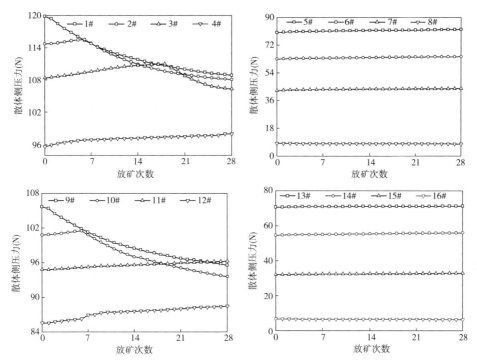

图 3.6　方案二中各通道的散体侧压力与放矿次数的关系图

基于方案一的分析，得出矿体上、下盘边壁散体侧压力强度变化率与放矿次数的拟合曲线如图 3.7 所示。

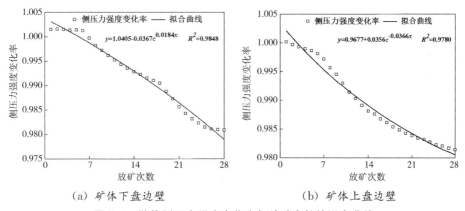

（a）矿体下盘边壁　　　　　　　　（b）矿体上盘边壁

图 3.7　散体侧压力强度变化率与放矿次数的拟合曲线

根据上述分析得出，当矿体倾角为 85° 时，散体侧压力强度变化率的拟合函数为：

$$\eta_1 = (1.0145 - 0.0367e^{3.46\times10^{-4}m})^{\frac{n}{4}} \tag{3.4}$$

$$\eta_2 = (0.9677 + 0.0356e^{-6.88\times10^{-4}m})^{\frac{n}{4}} \tag{3.5}$$

式中，η_1 为矿体下盘边壁散体侧压力强度变化率；η_2 为矿体上盘边壁散体侧压

43

力强度变化率；m 为一个崩矿步距内放出矿体的质量，t；n 为一个中段的回采进路数量。

图 3.8 是方案三中各通道的散体侧压力与放矿次数的关系图。散体侧压力的变化趋势与方案一的变化趋势基本相同。1♯通道测量值随放矿次数的增加而减小，其降低率是 8.35％。2♯通道和 3♯通道测量值随着放矿次数的增加先增大后减小，其降低率分别是 5.54％和 1.12％。1♯～3♯通道测量值的降低率小于方案一。8♯通道测量值呈现下降趋势。9♯通道测量值随放矿次数的增加而减小，其降低率是 11.32％。10♯通道测量值随放矿次数的增加而先增大后减小，其降低率是 8.06％。9♯通道和 10♯通道测量值的减小速率都大于方案一。16♯通道测量值呈现下降趋势。其余通道测量值随着放矿次数的增加而逐渐增大。

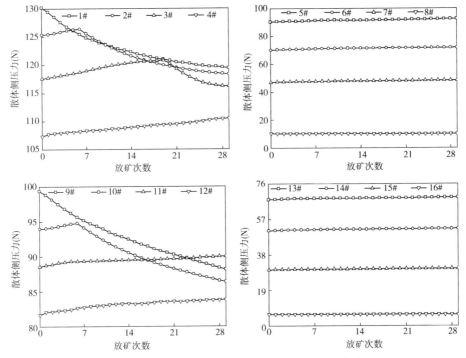

图 3.8　方案三中各通道的散体侧压力与放矿次数的关系图

基于方案一的分析，矿体上、下盘边壁散体侧压力强度变化率与放矿次数的拟合曲线如图 3.9 所示。

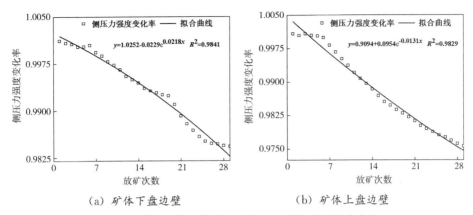

（a）矿体下盘边壁　　　　　　（b）矿体上盘边壁

图 3.9　散体侧压力强度变化率与放矿次数的拟合曲线

根据上述分析得出，为矿体倾角为 80° 时，散体侧压力强度变化率的拟合函数为：

$$\eta_1 = (1.0252 - 0.0229e^{4.10\times10^{-4}m})^{\frac{n}{4}} \tag{3.6}$$

$$\eta_2 = (0.9094 + 0.0954e^{-2.46\times10^{-4}m})^{\frac{n}{4}} \tag{3.7}$$

式中，η_1 为矿体下盘边壁散体侧压力强度变化率；η_2 为矿体上盘边壁散体侧压力强度变化率；m 为一个崩矿步距内放出矿体的质量，t；n 为一个中段的回采进路数量。

图 3.10 是方案四中各通道的散体侧压力与放矿次数的关系图。散体侧压力的变化趋势与方案一相近。1♯通道和 9♯通道测量值随着放矿次数的增加而减小，其降低率分别是 7.56% 和 12.46%。2♯通道、3♯通道及 10♯通道测量值随着放矿次数的增加呈现先增大后减小的趋势，其降低率分别是 4.56%、0.93% 及 9.09%。8♯通道和 16♯通道测量值呈现下降趋势。其余通道测量值均随着放矿次数的增加逐渐增大，但增长较为缓慢。

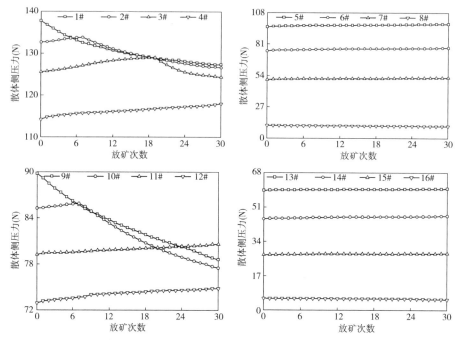

图 3.10　方案四中各通道的散体侧压力与放矿次数的关系图

基于方案一的分析，矿体上、下盘边壁散体侧压力强度变化率与放矿次数的拟合曲线如图 3.11 所示。

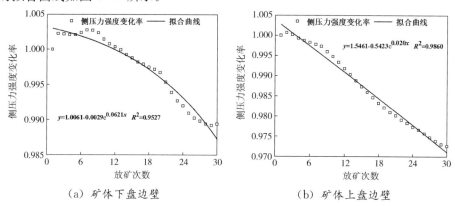

（a）矿体下盘边壁　　　　　　　（b）矿体上盘边壁

图 3.11　散体侧压力强度变化率与放矿次数的拟合曲线

根据上述分析得出，当矿体倾角为 75°时，散体侧压力强度变化率的拟合函数为：

$$\eta_1 = (1.0061 - 0.0029 \mathrm{e}^{1.17 \times 10^{-3} m})^{\frac{n}{4}} \tag{3.8}$$

$$\eta_2 = (1.5461 - 0.5423 \mathrm{e}^{3.76 \times 10^{-4} m})^{\frac{n}{4}} \tag{3.9}$$

式中，η_1 为矿体下盘边壁散体侧压力强度变化率；η_2 为矿体上盘边壁散体侧压力强度变化率；m 为一个崩矿步距内放出矿体的质量，t；n 为一个中段的回采进路数量。

　　求出四组方案中矿体上、下盘边壁散体侧压力强度的平均变化率，再将不同倾角的矿体上、下盘数据进行拟合，得出矿体上、下盘边壁散体侧压力强度平均变化率与矿体倾角的拟合曲线如 3.12 所示。

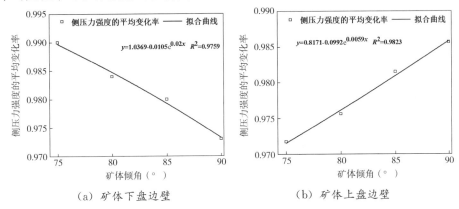

（a）矿体下盘边壁　　　　　　　　　　（b）矿体上盘边壁

图 3.12　散体侧压力强度平均变化率与矿体倾角的拟合曲线

　　为了使实验灵活方便、适用范围更广泛，选择矿体倾角为 90° 作为基准，得出散体侧压力强度平均变化率的拟合函数为：

$$\eta_h = (1.0369 - 0.0105 e^{0.02\psi_0})^{\frac{n}{4}} \eta_1 \tag{3.10}$$

$$\eta_r = (0.8171 - 0.0992 e^{0.0059\psi_0})^{\frac{n}{4}} \eta_2 \tag{3.11}$$

式中，η_h 为矿体下盘边壁散体侧压力强度平均变化率；η_r 为矿体上盘边壁散体侧压力强度平均变化率；ψ_0 为矿体倾角，°；n 为一个中段的回采进路数量；η_1 为矿体倾角 90° 时矿体下盘边壁散体侧压力强度变化率；η_2 为矿体倾角 90° 时矿体上盘边壁散体侧压力强度变化率。

　　3. 结果分析

　　通过结果分析得出，不同矿体倾角条件下散体侧压力的变化趋势大致相同。1♯通道测量值随着放矿次数的增加逐渐减小，但减小速率逐渐降低。2♯通道和 3♯通道测量值随着放矿次数的增加先增大后减小。8♯通道测量值呈现下降趋势。其余矿体下盘侧通道测量值均随着放矿次数的增加而增大。9♯通道测量值随着放矿次数的增加而减小。10♯通道测量值随着放矿次数的增加而先增大后减小。16♯通道测量值呈现出下降趋势。其余矿体上盘侧通道测量值均随着放矿次数的增加而逐渐增大。

　　由于通道测量范围内的散体轻微减小，导致 8♯通道和 16♯通道测量值呈现下降趋势。放矿过程中，放出体和松动体的范围是逐渐增大的，位于松动体范围外的散体几乎不发生松散，且随着放矿过程的进行，内摩擦系数不断增大，导致散体侧压力增大。位于松动体范围内的散体，受到放矿扰动的影响，发生移动和松散，导致散体侧压力减小。放出体和松动体的范围随着放出矿石质量的增加而增大，因此，位于放矿口稍远位置的散体在初始放矿阶段不会受到放矿扰动的影响。随着放矿过程的进行，放出体和松动体的范围逐渐变大，就出现了 2♯通道、3♯通道及 10♯通道的散体侧压力的变化情况，且距离放矿口距离越远，受到放矿扰动影响的时间就越晚。采用无贫化方式放矿，因此本组实验放出体的高度是 30cm。根据放出体高度和松动体高度的关系式，得出本次实验的松动体高度约为 73.8cm。通过本组实验结果与松动体高度的对比分析得出，位于松动体范围外的散体基本不受放矿扰动的影响，而受摩擦系数的影响，导致散体侧压力呈现增大趋势。目前，使用无底柱分段崩落法的矿山大部分采用 15m 作为一个分段高度。由此可见，采用无底柱分段崩落法开采对散体侧压力的影响范围较小。根据上述拟合曲线可知，无论是矿体上盘侧还是矿体下盘侧的通道，其散体侧压力的减小速率均随着放矿次数的增加而降低，最终趋于稳定。

放矿扰动范围内，散体侧压力降低率与矿体倾角的关系见表 3.2，随着矿体倾角的减小，矿体上盘散体侧压力的降低率逐渐增大，矿体下盘则与之相反。通过上述分析可得，矿体倾角越小，散体对上盘岩体的支撑力越小，岩体越容易发生破坏。不同矿体倾角条件下散体侧压力的变化趋势基本相近，矿体倾角对散体侧压力的减小速率有较大影响。放矿扰动虽然会对散体的侧向支撑力产生影响，但影响范围较小，而且整体散体侧压力值的减小率较小。因此，保持散体具有足够的高度，可以有效阻止边壁围岩的侧向片落，限制地表陷落区向外扩展。以此可得出矿体倾角与散体侧压力强度变化率的拟合函数，为后续采动地表陷落范围预测模型的构建提供参数。

表 3.2 散体侧压力降低率与矿体倾角的关系表

矿体倾角（°）	矿体下盘边壁散体侧压力降低率（%）			矿体上盘边壁散体侧压力降低率（%）	
	1♯通道	2♯通道	3♯通道	9♯通道	10♯通道
90	10.05	7.61	2.16	8.06	6.34
85	9.07	5.75	1.90	9.56	7.16
80	8.35	5.54	1.12	11.32	8.06
75	7.56	4.56	0.93	12.46	9.09

3.2.3.2 回采顺序对散体侧压力的影响规律研究

本组实验以回采顺序作为影响因素，矿体倾角选取 90°，设计三种不同的

48

实验方案，分析各方案散体侧压力的变化规律，得出回采顺序对散体侧压力的影响规律。

1. 实验方案设计

选取三种不同的回采顺序（从中央向两翼回采、从两翼向中央回采、均匀出矿）设计三种实验方案，其中方案 3 与 3.2.3.1 中方案一相同，因此，本节只对前两种方案进行讨论。将散体颗粒染成红色模拟矿石，白色散体颗粒作为覆盖岩层。根据相似理论，放置红色散体颗粒的厚度是 0.3m，采用无贫化放矿，每次放矿量约为 200g。根据实验结果得出回采顺序和散体粒径对散体侧压力的影响规律，为其他类似条件矿山回采顺序的优化和矿山分区开采提供参考依据。

2. 实验过程及结果

（1）方案 1。

方案 1 中各通道的散体侧压力与放矿次数的关系如图 3.13 所示。方案 1 实验先对 2♯ 放矿口和 3♯ 放矿口进行放矿，放矿结束后静置 20min，再对 1♯ 放矿口和 4♯ 放矿口进行放矿，故放矿过程由两个独立的放矿阶段组成。分析图 3.13 可知，1♯ 通道测量值在两个阶段都随着放矿次数的增加而减小，最后趋于稳定，第一阶段减小值大于第二阶段，测量值的降低率是 9.39%。2♯ 通道测量值在两个阶段都随着放矿次数的增加先增大后减小，第一阶段减小值大于第二阶段，测量值的降低率是 6.50%。3♯ 通道测量值的变化趋势与 2♯ 通道相似，在两个阶段都随着放矿次数的增加先增大后减小，测量值的降低率是 2.83%。8♯ 通道测量值呈现下降趋势。其余下盘侧通道测量值均随着放矿次数的增加而增大，但增长速率较为缓慢。9♯ 通道测量值在两个阶段都随着放矿次数的增加而减小，第一阶段减小值大于第二阶段，测量值的降低率是 7.00%。10♯ 通道测量值在两个阶段均随着放矿次数的增加先增大后减小，测量值的降低率是 5.11%。16♯ 通道测量值呈现下降趋势。其余上盘侧通道测量值均随着放矿次数的增加而增大，但增长缓慢。

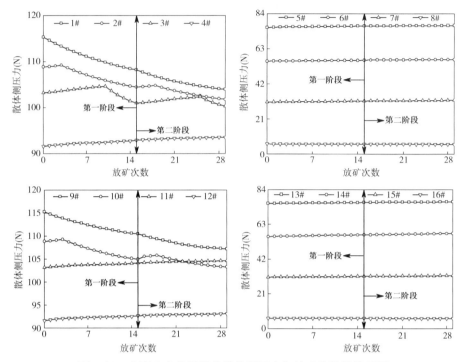

图 3.13　方案 1 中各通道的散体侧压力与放矿次数的关系图

由于放矿过程是由两个独立的放矿阶段组成的，因此数据拟合需要对两个阶段的放矿过程分别进行。因为各传感器表面积相同，所以散体侧压力的变化规律与散体侧压力强度的变化规律相同。将放矿口两侧的散体侧压力进行积分处理后，得出矿体上、下盘边壁散体侧压力变化率与放矿次数的拟合曲线，即为矿体上、下盘边壁散体侧压力强度变化率与放矿次数的拟合曲线，如图 3.14、图 3.15 所示。

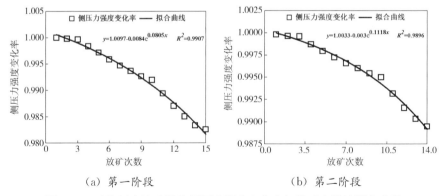

（a）第一阶段　　　　　　　　　（b）第二阶段

图 3.14　矿体下盘边壁散体侧压力强度变化率与放矿次数的拟合曲线

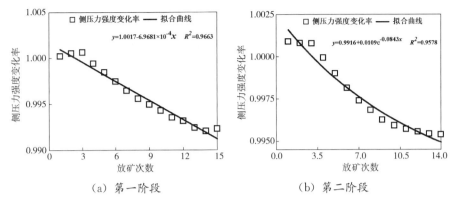

（a）第一阶段　　　　　　　　（b）第二阶段

图 3.15　矿体上盘边壁散体侧压力强度变化率与放矿次数的拟合曲线

根据上述分析得出，散体侧压力强度变化率的拟合函数为：

$$\eta_1 = \left[(1.0097 - 0.0084e^{7.50 \times 10^{-4}m})(1.0033 - 0.003e^{1.04 \times 10^{-3}m})\right]^{\frac{n}{4}} \quad (3.12)$$

$$\eta_2 = \left[(0.9916 + 0.0109e^{-7.85 \times 10^{-4}m})(1.0017 - 6.49 \times 10^{-6}m)\right]^{\frac{n}{4}} \quad (3.13)$$

式中，η_1 为矿体下盘边壁散体侧压力强度变化率；η_2 为矿体上盘边壁散体侧压力强度变化率；m 为一个崩矿步距内放出矿体的质量，t；n 为一个中段的回采进路数量。

（2）方案 2。

方案 2 中各通道的散体侧压力与放矿次数的关系如图 3.16 所示。方案 2 实验先对 1♯ 放矿口和 4♯ 放矿口进行放矿，放矿结束后静置 20min，再对 2♯ 放矿口和 3♯ 放矿口进行放矿，故放矿过程由两个独立的放矿阶段组成。分析图 3.16 可知，1♯ 通道测量值在两个阶段都随着放矿次数的增加而减小，第二阶段减小值大于第一阶段，测量值的降低率是 7.69%。2♯ 通道测量值在两个阶段都随着放矿次数的增加先增大后减小，第二阶段减小值大于第一阶段，测量值的降低率是 5.20%。3♯ 通道测量值的变化趋势与 2♯ 通道相似，在两个阶段都随着放矿次数的增加而先增大后减小，测量值的降低率是 1.91%。8♯ 通道测量值呈现下降趋势。其余矿体下盘侧通道测量值均随着放矿次数的增加而增大。9♯ 通道测量值在两个阶段都随着放矿次数的增加而减小，第二阶段减小值大于第一阶段，测量值的降低率是 5.49%。10♯ 通道测量值在两个阶段均随着放矿次数的增加先增大后减小，测量值的降低率是 4.09%。16♯ 通道测量值呈现下降趋势。其余矿体上盘侧通道测量值均随着放矿次数的增加而增大。

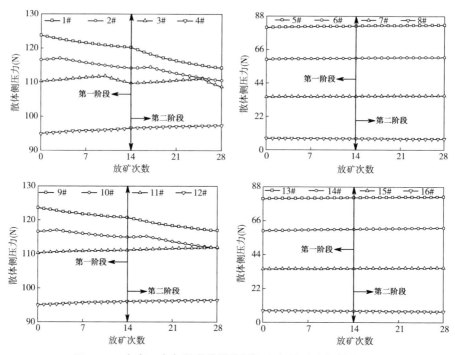

图 3.16　方案 2 中各通道的散体侧压力与放矿次数的关系图

　　基于方案 1 的分析，矿体上、下盘边壁散体侧压力强度变化率与放矿次数的拟合曲线如图 3.17、图 3.18 所示。

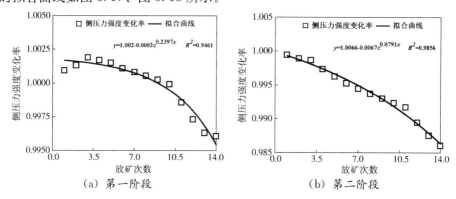

（a）第一阶段　　　　　　　　　（b）第二阶段

图 3.17　矿体下盘边壁散体侧压力强度变化率与放矿次数的拟合曲线

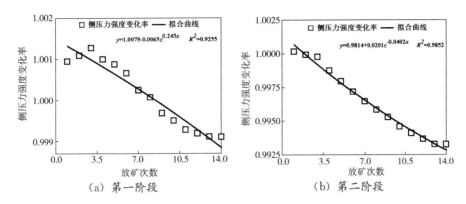

图 3.18　矿体上盘边壁散体侧压力强度变化率与放矿次数的拟合曲线

根据上述分析得出，散体侧压力强度变化率的拟合函数为：

$$\eta_1 = \left[(1.002 - 0.0002e^{2.23\times10^{-3}m})(1.0066 - 0.0067e^{7.37\times10^{-4}m})\right]^{\frac{n}{4}} \quad (3.14)$$

$$\eta_2 = \left[(1.0079 - 0.0065e^{2.28\times10^{-3}m})(0.9814 + 0.0201e^{-3.74\times10^{-4}m})\right]^{\frac{n}{4}}$$

$$(3.15)$$

式中，η_1 为矿体下盘边壁散体侧压力强度变化率；η_2 为矿体上盘边壁散体侧压力强度变化率；m 为一个崩矿步距内放出矿体的质量，t；n 为一个中段的回采进路数量。

3. 结果分析

因为各个方案均经历一段时间的静置，所以两个阶段产生的放出体和松动体可认为是相互独立的。因此，实验可以分为两个独立的放矿过程。分析实验结果得出，进路间距越大，散体侧压力降低率就越小，减小速率随着间距的增加而逐渐降低，但对影响范围的作用不显著，且影响程度随着放矿次数的增加而逐步降低。同时，靠近放矿口一侧的散体侧压力降低率和影响范围都要大于远离放矿口一侧。以此可得不同回采顺序下散体侧压力强度变化率的拟合函数，为后续采动地表陷落范围预测模型的构建提供参数。

通过上述实验结果可知，放矿扰动虽然会对散体的侧向支撑力产生影响，但影响范围较小，且散体侧压力整体降低率较小。因此，保持散体具有足够的高度，可以有效阻止边壁围岩的侧向片落，从而限制地表陷落区向外扩展。

3.3　塌陷区内移动散体柱支撑作用分析

塌陷区内散体保持连续流动是其提供支撑作用的前提。对于可有效流动的散体，其容重随着散体高度的增加逐渐增大，下部散体逐步沉实到一定密度后，将占据边壁围岩变形所需空间，从而限制围岩的碎胀破坏。但在实际采矿过程中，散体会随着井下放矿不断下移，从而导致散体柱对边壁围岩的支撑作用发生变化。井下回采过程中，出矿口周围的散体先发生松散，随着矿体的采出，放出体和松动体的范围不断增大（图3.19）。根据随机介质放矿理论，松动体以上散体缓慢向下移动并沉实，随着散体层面的升高，散体流动迹线几乎与斜壁平行。平行流动的散体表现为整体缓慢下移，持续保持对边壁岩体施加侧压力，当缓慢下移的散体柱达到临界散体柱高度时，其下方散体会提供足够的侧向支撑力，从而达到控制地表陷落范围扩大的目的。

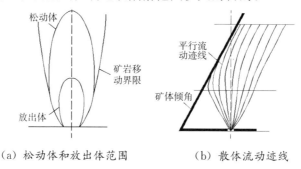

（a）松动体和放出体范围　　　（b）散体流动迹线

图3.19　散体流动形态

采用无贫化放矿，放出体高度为30cm，根据放出体与松动体的关系式［式（3.16）］，得出松动体高度约为73.8cm。根据散体侧压力变化规律实验结果，得出各方案中矿体上、下盘边壁散体侧压力变化率，见表3.3。根据表3.3数据及松动体高度可知，位于松动体范围内的散体发生松散，导致侧向支撑力变小；松动体以上的散体内摩擦系数不断增大，造成侧向支撑力缓慢变大；顶部散体高度出现轻微降低，使顶部散体侧压力呈现下降趋势。

$$H_g = h_g(\alpha + 1)\sqrt{\frac{\delta}{\delta - 1}} \qquad (3.16)$$

式中，H_g 为松动体高度，m；h_g 为放出体高度，m；δ 为散体下移时的二次松散系数；α 为散体流动参数。

综合分析可知，放矿扰动下移动散体柱可以分为三个区域：底部放矿扰动区、上部下降区、中部稳固区。

（1）底部放矿扰动区位于松动体范围内，受到井下放矿扰动，区域内散体发生松散，且范围随着放矿过程的进行而逐渐增大，根据式（3.16）可得出底部放矿扰动区的范围。放矿结束后，在重力作用下，该区域内散体容重逐渐增大且孔隙率逐渐减小，导致对边壁围岩的侧向支撑力逐渐增大，从而使边壁围岩的稳定性增加。

（2）上部下降区位于散体柱的顶部，塌陷区内的散体随着放矿过程的进行逐渐下移，导致散体柱高度降低，造成顶部侧向支撑力减小，区域范围可以通过放出体的体积计算得出。虽然单个崩矿步距放出的矿体质量对塌陷区内散体柱而言较小，但回采一个中段的矿体量将会使散体柱高度大幅下降，从而导致上部边壁围岩发生失稳片落。

（3）中部稳固区位于底部放矿扰动区和上部下降区之间，区域内的散体平行向下流动，不会随着放矿过程的进行产生显著的松散，而是一直为边壁围岩提供稳定的侧向支撑力，且随着内摩擦系数的不断增加，侧向支撑力随放矿过程的进行缓慢增长，消除了边壁围岩变形所需的空间，限制了边壁围岩的碎胀破坏。因此，回采过程中，要始终保持散体柱高度位于临界散体柱高度以上，进而减小上部下降区的影响，保障边壁围岩的稳定性，遏制地表陷落范围的发展。

基于上述分析结果得出，临界散体柱支撑理论可用于移动散体作用下的地表陷落范围预测与防治方法。回采过程中，保持散体柱高度不变，上部下降区的影响将在很大程度上被削弱。由于放出体范围有限，因此底部放矿扰动区对边壁围岩的影响区间较小；而中部稳固区随着放矿过程的进行，侧向支撑力缓慢增长，限制了边壁围岩的碎胀破坏，达到了控制地表陷落范围扩展的目的。

表 3.3　各方案中上、下盘边壁散体侧压力变化率

方案	散体侧压力变化率（%）																	
	1#	2#	3#	4#	5#	6#	7#	8#	下盘侧整体	9#	10#	11#	12#	13#	14#	15#	16#	上盘侧整体
方案一	−10.05	−7.61	−2.61	2.47	2.31	2.44	3.03	−4.48	−2.62	−8.06	−6.34	1.88	2.63	0.89	3.00	2.24	−1.27	−1.43
方案二	−9.07	−5.75	−1.90	2.51	2.77	2.69	3.28	−3.15	−1.91	−9.56	−7.16	1.53	3.43	9.64	2.72	2.70	−4.19	−1.85
方案三	−8.35	−5.54	−1.12	3.00	2.31	2.60	3.14	−3.70	−1.68	−11.32	−8.06	1.62	2.62	1.62	2.02	2.12	−2.57	−2.51
方案四	−7.56	−4.56	−0.93	3.32	2.84	3.72	3.36	−6.68	−1.19	−12.46	−9.09	1.73	2.67	1.43	3.30	2.62	−10.1	−2.84
方案 1	−9.59	−6.50	−2.83	2.13	1.57	1.77	3.65	−4.41	−2.78	−7.00	−5.11	−1.39	1.62	1.26	3.47	2.88	−3.97	−1.23
方案 2	−7.69	−5.20	−1.91	2.54	2.23	2.43	2.54	−6.24	−1.78	−5.49	−4.09	1.53	1.56	1.58	3.49	2.49	−6.78	−0.75

第4章 工程背景及岩体力学特性

4.1 矿山地质及生产概况

实验矿山是由民采矿点整合的中型铁矿山（图 4.1），矿区位于本溪市中心北西方向 12km 处，距沈丹铁路火连寨火车站 5.3km，距本溪市火车站 15km，距沈丹高速公路响山站的出入口 5.9km，有乡间土路及柏油路相连，交通十分便利。

图 4.1 实验矿山全景图

探明工业品位矿石（122b＋333）储量为 27059.83 千吨，此外还有低品位铁矿（333）储量为 709.84 千吨，矿石 TFe 平均品位为 30.47％，mFe 平均品位为 26.99％，矿床储量可靠，品位较低。围岩含品位，其中 TFe 平均品位为 6.89％，mFe 平均品位为 1.68％，矿体与围岩产状基本一致。矿体夹石不发育，规模较小，夹石主要为斜长角闪岩和混合花岗岩，TFe 平均品位为 8.20%，mFe 平均品位约为 3.24%，夹石与矿体产状基本一致。

矿区大地构造位置处于中朝准地台（Ⅰ）、胶辽台隆（Ⅱ）、太子河—浑江台陷（Ⅲ）及辽阳—本溪凹陷（Ⅳ）的南部。矿区位于低山丘陵区，全区地貌为东北与西南两侧高，中间是宽 300～500m 的平缓河谷低地，无悬崖峭壁、崩塌及滑坡等不良地质现象。矿层和围岩均为硬质岩石，岩矿石坚硬完整，无较软夹层和可溶岩，不易风化，承载抗压性能强，岩层和矿层产状较稳定。该区属于温带湿润气候区，降雨量全年平均为 880mm；降雨主要集中在 7—9 月，区内植被较发育，主要为自然的乔木、灌木林和部分人工林，利于大气降水渗透。矿石粒度以中细粒为主，偶见粗粒。结构主要为半自形晶和它形晶粒状结构，其次为自形晶和包含结构，少量侵蚀结构；构造以条纹-条带状为主，其次为浸染状构造，少量脉状、团块状及斑杂状构造。矿石自然类型主要为磁铁石英岩，具有强磁性。其围岩为斜长角闪岩、混合花岗岩及混合片麻岩，局部为细晶闪长岩脉。矿体中夹石较不发育，规模较小，夹石岩性主要为斜长角闪岩、混合花岗岩及混合片麻岩，夹石 TFe 平均品位为 11.87%，S 平均含量约为 0.06%，P 平均含量约为 0.10%，夹石与矿体产状基本一致。

矿山由露天转入地下开采后，由于早期地质勘测程度不足，部分工业设施、生活区、尾矿库，以及穿过矿区的县级道路、水库、便道与梨树沟铁矿选厂位于采动岩移影响范围内（图 4.2）。因此，需要确定合理的陷落范围，将重要的地表设施重新建设在陷落范围外。但地表设施（尤其是主井）的建设周期较长，在新场地投产运营之前，需要采用地表岩移防治方法来保证原有地表设施的安全运行。为了保证旧的地表设施在使用期间安全运行，要采用充填法开采被地表设施压覆的矿体。为了提高矿山生产效率，其余部位采用诱导冒落法与分段崩落法开采。按采矿方法与开采条件的不同，大北山铁矿可分为西北区、中央区与东南区三区开采，其中中央区为主采区，地表没有构筑物压矿，应用诱导冒落法与分段崩落法开采；西北区主要开采 0m 以上西部矿体，地表有尾矿库、县级道路、矿山便道、水库等压矿，采用充填法开采；东南区为下部采区，可划归二期开采，由于地表有工业设施压矿，采用充填法开采。对比三个采区的采矿方法，以中央区的诱导冒落法与分段崩落法的生产成本最低、生产效率最高，所以中央区开采范围越大，矿床开采的总体经济效益越好。因此，在保证安全的前提下，应尽可能扩大中央区的开采范围。根据矿山实际情况，构建采动地表陷落范围的预测模型，确定地表陷落范围及开采界限，可确保地表重要建筑物的安全运行，减少矿石积压，提升生产效率。另外，因矿山已经投入大量采选与尾矿处理工程，需要较快地开采矿石，以缓解经济支出，所以需要选择高效的采矿方案来开采 Fe1 矿体。地表没有建设尾矿库的条件，为了控制尾矿量和降低选矿加工成本，在保障矿石回采率的条件下，需要严格控制矿石贫化率。并针对大北山铁矿的现场条件，研究采动地表塌陷区内尾砂干排技术，实现大北山铁矿的安全绿色开采。

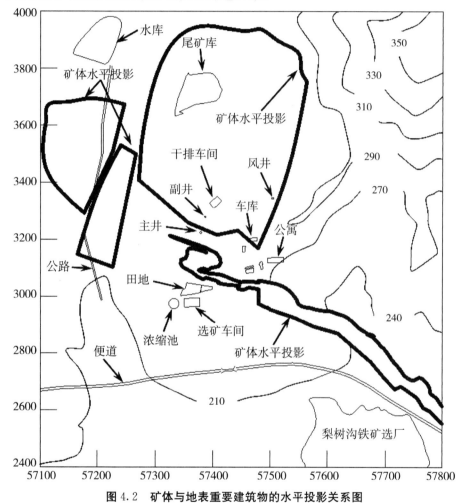

图 4.2　矿体与地表重要建筑物的水平投影关系图

通过计算分析，采用算数平方根的形式对点荷载实验中得到的数据进行处理，确定矿岩体力学参数的相关地质参数，计算得出矿岩体力学参数（表4.1），其将用于后续采动地表陷落范围的确定。

表 4.1 矿岩体力学参数

岩体类型	上盘围岩	铁矿	下盘围岩
岩石整体强度（MPa）	12.04	20.37	12.29
内聚力 c（MPa）	1.48	2.14	1.35
内摩擦角 ψ（°）	33.5	39.1	33.0

4.2 岩体冒落规律分析

使用和设计诱导冒落法（或自然崩落法）时，矿岩可冒性（或可崩性）是一个重要指标。可冒性用于判断岩体在地下空间开挖条件下的稳定，即受岩体本身性质（如强度和节理裂隙等）、开挖环境（如埋深和地应力条件等）、开挖空间形态（如面积和高度等）的影响。对于可冒性（可崩性）的预测方法有以 RQD 岩性指标为基础的可崩性指标、Mathews 稳定图法、Laubscher 崩落图法及冒落跨度公式法等。根据力系平衡获得的冒落跨度计算公式，所需参数均已量化，较易获得，且考虑埋深等条件，是一种便利可行的预测方法且已在后和睦山铁矿、桃冲铁矿及夏甸金矿等多个矿山的可冒性分析中验证了其可靠性。本书应用冒落跨度公式对矿岩的临界冒落跨度进行计算。

假设空区上覆岩层单位面积垂直应力（q）均匀分布，在应力拱上，顶板受到水平压力（T）和垂直压力（R）的作用（图 4.3），根据力系平衡原理，得出关系式为：

$$\begin{cases} R - ql = 0 \\ Th - \int_0^l xq\,\mathrm{d}x = 0 \end{cases} \tag{4.1}$$

式中，q 为单位面积垂直应力（Pa），$q = \gamma H_l$，γ 为覆岩层的容重（N·m^{-3}），H_l 为空区埋深（m）。

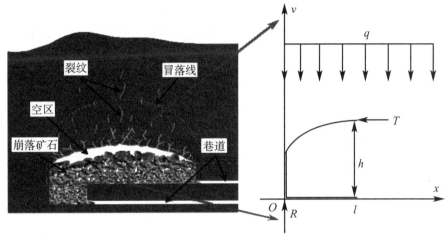

图 4.3　平衡拱受力分析图

式（4.1）表明，在重力场作用下，空区顶板围岩受到水平压力（T），与空区跨度（$2l$）的平方成正比，与空区高度（h）成反比，即空区高度越小、跨度越大，顶板所承受的水平压力就越大。

对于平面问题，将式（4.1）改写为：

$$l = \sqrt{\frac{2hT}{q}} = \sqrt{\frac{2hT}{\gamma H_l}} \tag{4.2}$$

由此得出空区的临界冒落跨度的计算式为：

$$L = 2l = 2\sqrt{\frac{2hT}{\gamma H_l}} \tag{4.3}$$

空区临界冒落面积的计算式为：

$$S = \pi l^2 = \frac{2hT\pi}{\gamma H_l} \tag{4.4}$$

式中，h 为空区高度，m；T 为准岩体抗压强度，MPa。

由点荷载和结构面调查分别获得岩石的单轴抗压强度和岩石完整性系数，采用 Hoke-Brown 强度准则与 Mohr-Coulomb 强度准则计算准岩体抗压强度，见表 4.1。地表标高为 $+260$m，即 $H = 260 - H_1$，H_1 是开采水平标高，诱导冒落分段应设计在 0m 水平以下，用 1～2 个分段回采空间诱导上覆岩体自然冒落，空区顶板标高约为 $+15$m，矿石容重为 3.3t·m^{-3}，混合岩体重 2.65t·m^{-3}，即 $\gamma = 2.65$t·m^{-3}。

由于在回采过程中形成的地下空间高度有差别，因此临界冒落跨度也不同。回采时，首分段一般采用凿岩台车打孔爆破形成采空区，分段高度一般不小于 15m，故 h 取 15m。在实际生产中，受爆破震动等因素的影响，实际临界冒落跨度要小于计算值。则回采时临界冒落跨度值为：上盘围岩＜14.48m，铁矿＜18.84m，下盘围岩＜14.63m。临界冒落面积值为：上盘围岩＜164.69m²，铁矿＜278.64m²，下盘围岩＜168.11m²。根据上述结果，分析得出 Fe1 矿体的矿岩工程特性，即当暴露面积小时，具有良好的稳定性；当暴露面积大时，具有良好的可冒性。

4.3　散体流动规律分析

散体的流动特性通过散体流动参数来表征，其物理意义可通过对放出体形态的影响来阐明。为此，需进行放出体形态实验，确定散体流动参数。一般采用达孔量测定放出体形态，即先测定散体堆内的达孔量场，依据放出体表面是达孔量的等值面来确定放出体形态。

根据实验数据，确定放出体形态如图 4.4 所示。

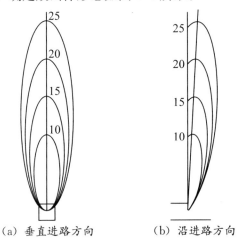

（a）垂直进路方向　　　　（b）沿进路方向

图 4.4　端部放矿的放出体形态

根据随机介质放矿理论，端部出矿时，因出矿口有效流动尺寸与端壁面的双重影响，沿进路方向与垂直进路方向的散体流动参数不等，此时放出体曲面方程为：

$$\frac{y^2}{\beta_1 z^{\alpha_1}} + \frac{(x - kz^{\frac{\alpha}{2}})^2}{\beta z^{\alpha}} = (\omega + 1) \ln \frac{H_i}{z} \tag{4.5}$$

式中，$\omega = (\alpha + \alpha_1)/2$；$H_i$ 为放出体高度；α、β 为沿进路方向散体流动参数；α_1、β_1 为垂直进路方向散体流动参数；k 为壁面影响系数。

用式（4.5）对图 4.4 中的放出体进行回归拟合，可得端部放矿的散体流动参数为：$\alpha = 1.6288$，$\beta = 0.0763$，$k = 0.08488$，$\alpha_1 = 1.5414$，$\beta_1 = 0.1312$，

回归相关系数 $R^2 = 0.9972$。其中，β 影响放出体总体宽度，α 影响放出体上部与底部的相对形态。当 $\alpha < 1/\ln2$ 时，放出体下粗上细，表明散体流动性较差；当 $\alpha > 1/\ln2$ 时，放出体上粗下细，表明散体流动性较好；当 $\alpha = 1/\ln2$ 时，放出体在中部最粗。

根据实验结果，大北山铁矿的散体流动参数沿进路方向 $\alpha = 1.6288 > 1/\ln2$，垂直进路方向 $\alpha_1 = 1.5414 > 1/\ln2$，说明放出体上部较宽、下部较窄，矿石沿进路方向与垂直进路方向均具有较好的流动性，有利于矿石的放出。

4.4　地压活动规律分析

通过调查矿山地压活动得出，主要是近空区穿脉巷道矿岩接触带位置巷道两帮岩石发生破坏，远离空区的下盘穿脉巷、脉外运输巷顶底板及两帮边壁围岩的稳定性良好。分析图 4.5 可知，近空区穿脉巷主要采取喷锚网支护，随着巷道暴露时间的增加，巷道边壁出现了锚杆及锚网脱落情况，边壁围岩破坏情况比较明显，主要是沿着结构面片帮冒落。

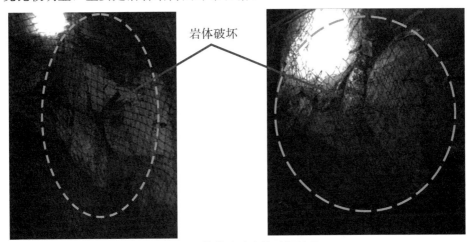

图 4.5　巷道边壁岩体破坏情况

结合矿山地质及开采条件，矿山在采动压力作用下，其影响因素可以概括为：①受岩体结构面分布特性的影响，根据现场结构面调查结果，大北山铁矿节理裂隙发育，使得岩体更容易发生片帮冒落，矿体采出后所形成的采掘空间破坏了原始应力平衡状态，使岩体应力重新分布，在发育节理影响下引起围岩变形或破坏。②受巷道与空区空间位置关系的影响，矿山采用空场法开采，在井下形成了大规模连续的空区，空区长时间暴露极易引发大规模地压活动，地压将由空区边壁围岩传导至近空区穿脉巷道中，引起巷道变形破坏。③部分研究表明，当以水平应力作用为主时，地压显现主要发生在巷道顶底板位置；当以垂直应力作用为主时，地压显现主要发生在巷道两帮。矿山目前所开采中段距地表约230m，埋深较浅，主要受自重应力影响（垂直应力），这也是近空区巷道主要发生片帮破坏的原因。综合分析，在这些影响因素的共同作用下，近空区穿脉巷与空场法采场的边帮围岩片帮冒落情况偶有发生，恶化了采场作业条件，对井下作业人员人身安全有一定威胁，增加了矿石的贫化率，降低了回采率，无法满足矿山安全高效开采的需求，表明空场法已不适用。

第 5 章　基于采动地表陷落范围预测模型的分区开采方案研究

实验矿山由露天转为地下开采后，因早期地质勘测程度不足，部分地表设施建设于采动岩移影响范围内。因此，需要确定合理的陷落范围，将重要的地表设施重新建设在陷落范围外。但地表设施（尤其是主井）的建设周期较长，在新场地投产运行之前，需要采用地表岩移防治方法来保证原有地表设施的安全运行。因此，本书基于采动地表陷落范围预测模型，得出地表陷落范围和临界散体柱高度，并对地表设施进行防护，保证其在新设施投产运营前安全运行。

5.1　分区开采界限确定

本书以 30m、0m 及 −40m 中段为例，基于预测模型和矿岩力学参数，得出矿山的合理临界散体柱高度为 170.6m，在地表塌陷时迅速形成该高度的临界散体柱，可实现地表陷落范围最小化。根据式（2.41）得出，中央区崩落法的岩移角可提高至 75°，由此可以最大限度地采用无底柱分段崩落法与诱导冒落法开采。根据地表建筑物的安全距离（表 5.1）和式（2.46）得出分区交界线，进而优化崩落法的开采界限，将每个中段分为中央区、东南区及西北区（图 5.1~图 5.3），中央区采用无底柱分段崩落法与诱导冒落法开采，东南区及西北区采用充填法开采被地表设施压覆的矿体。西北区主要开采第 6 号勘探线以西的 0m 以上西北部矿体及第 8 号勘探线东 50m 以西的 0m 以下矿体，中央区主要开采西北区以东的 −330m 以上矿体，东南区主要开采西北区以东的 −330m 以下矿体。根据矿体赋存条件与现有开采系统条件，整个矿床分两期开采，一期开采中央区与西北区矿体，二期开采东南区矿体。

表 5.1　主要建筑物的保护等级及安全距离

名称	主井	副井	公寓楼	公路	水库	回风井	车库	干排车间
保护等级	一级	一级	一级	一级	一级	二级	二级	三级
安全距离	30m	30m	30m	30m	30m	15m	15m	10m

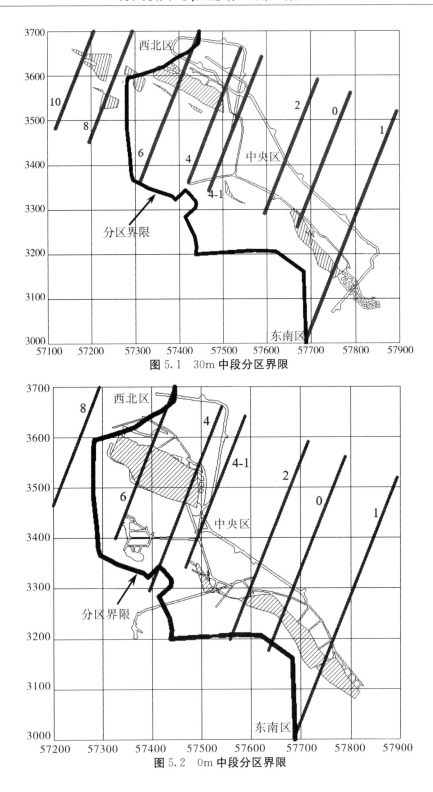

图 5.1　30m 中段分区界限

图 5.2　0m 中段分区界限

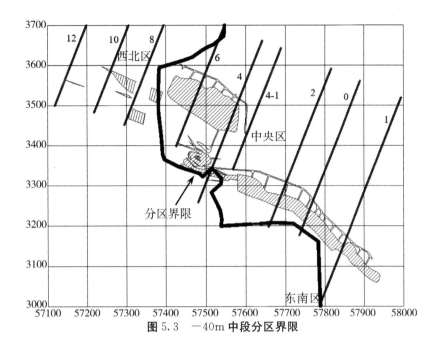

图 5.3　−40m 中段分区界限

5.2　分区开采方案

按采矿方法与开采条件的不同,将大北山铁矿分为西北区、中央区及东南区,提出协同开采方案。为了提高矿山生产效率,中央区采用无底柱分段崩落法与诱导冒落法开采;为了保证地表设施的安全运行,西北区和东南区采用上向分层干式充填法开采被地表设施压覆的矿体。

5.2.1　中央区采矿方法

5.2.1.1　采矿方法的选择

Fe1 矿体厚度较大,平均厚度为 17.71m,倾角为 37°~58°,矿岩节理裂隙发育,结构面密闭。根据揭露工程稳定性,参考实际生产条件,推断出 Fe1 厚矿体的矿岩工程特性为:当暴露面积小时,具有良好的稳定性;当暴露面积大时,具有良好的可冒性。矿岩良好的可冒性条件为设计中央区开采方案提供了便利,基于矿体条件,可确定无底柱分段崩落法与诱导冒落法的采场结构参数。

为了解决实际生产中存在的效率低、安全条件差及矿石损失大等问题,根据矿体产状、厚度及矿岩稳定性条件,运用矿山“三律”(岩体冒落规律、散

67

体流动规律及地压活动规律）适应性高效开采理论，提出无底柱分段崩落法与诱导冒落法开采方案，采场结构如图 5.4 所示。采准工程布置在矿体的下盘侧，每三个分段组成一个诱导冒落法的回采单元，每一回采单元的第一分段进路，靠上盘部分作为诱导工程，诱导上覆矿岩自然冒落；下部分段在回采本分段矿量的同时，也回收上部诱导冒落的矿量。根据第 4 章得出的临界冒落跨度，上盘诱导工程的长度不得小于 19m。整个采场同步施工，促使上覆矿石在本分段回采过程中自然冒落，冒落的矿石在下部分段回采过程中逐步回收。

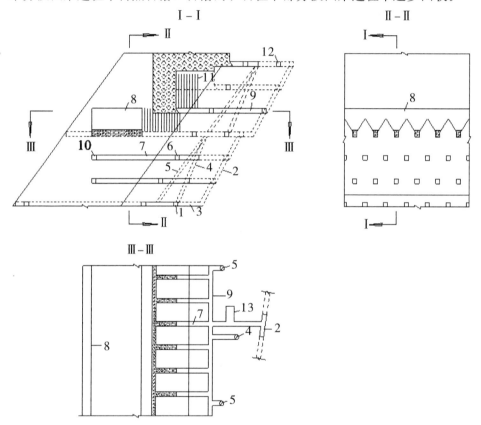

1—阶段运输巷道；2—斜坡道；3—斜坡道联络巷；4—溜井；5—通风井；6—分段巷道；

7—回采巷道；8—诱导工程空间；9—分段联络巷道；10—切割巷道；11—回采炮孔；

12—回风巷道；13—机修硐室

图 5.4　无底柱分段崩落法采场结构

矿石可凿性好，采用 YGZ－90 型中深孔凿岩机凿岩，炮孔直径为 60mm。采用斗容为 2.0m³ 的铲车出矿，巷道断面为 4.0m×3.8m（宽×高）。围岩稳定性较差部位采用锚网或锚网喷浆支护。采场内采出的矿石在分段巷道直接装车，经斜坡道运至地表。为充分回收下盘矿石，将下盘回采进路加密一倍，将其作为回收进路，用来回收下盘部位矿量。根据残留体形态，在分段之间设置下盘沿脉进路，再次回收下盘残留体（图 5.5）。为提高开采效率，回收进路的回采工作最好与正常回采进路分开，即采场内正常回采进路回采结束后，再回采回收进路。若条件允许，回采进路应选取较小的巷道断面，利用小型设备，滞后一个中段回采（即二次回收）。

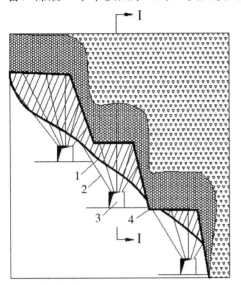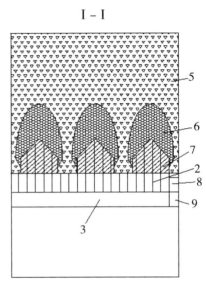

1—矿体边界；2—回采炮孔；3—回收进路；4—崩矿界限；5—覆盖层废石；
6—脊部残留体；7—三角矿柱；8—切割井；9—切割巷道

图 5.5　下盘残留体回收工程示意图

5.2.1.2　采场结构参数优化

由于大北山铁矿品位较低，矿石贫化率和回采率对矿山的经济效益有巨大影响，为提高回采率，采场结构参数高度需适应崩落矿岩的移动规律。无底柱分段崩落法的采场结构参数主要包括分段高度、进路间距和崩矿步距，三者相互影响、相互制约，且各自受到不同因素和条件的限制。实行低贫化放矿时，对于正常回采进路，采场结构参数的优化准则为：保证放出体与顶面和侧面矿岩接触面同时相切。

（1）分段高度的确定。

分段高度是无底柱分段崩落法开采中最重要的参数，当矿体垂直厚度条件允许时，一般分段高度越大，一次崩落矿量越多，生产强度越大，采准系数越小，生产成本越低。随着液压凿岩台车的推广应用，无底柱分段崩落法的分段高度逐步增大，目前最大分段高度已达 20m。矿山采用 Simba H1354 型台车

69

凿岩，有效凿岩深度可达 30m 以上。在菱形布置回采进路的采场结构中，最大孔深一般约为分段高度的 1.4 倍，按有效凿岩深度 30m 估算，分段高度可达 20m 左右。受矿体条件与装药设备能力的限制，如果分段高度过大，矿体条件不能满足三分段回采原则，将会造成矿石损失贫化过大；若分段高度与设备能力不匹配，将导致爆破效果差、大块率增高、生产事故增多。因此，分段高度的合理值需根据矿体条件及凿岩、装药设备的能力综合确定。按三分段回采原则，结合凿岩与装药设备的能力，得出大北山铁矿分段高度为 15m。

（2）进路间距的确定。

进路间距与分段高度是两个相互关联的参数，根据随机介质放矿理论，从有利于改善矿石移动空间条件出发，当分段高度一定时，确定进路间距应考虑以下两点：①保证分段放矿结束后，形成的矿石脊部残留体（进路之间残留矿石构成的形体）只有一个峰值，而且峰值点位于两条进路中间；②该峰值点在下分段出矿时率先到达出矿口。

根据流动带范围的表达式，可得进路间距的计算式为：

$$s = 6\sqrt{\frac{1}{2}\beta_1 H_i^{\alpha_1}} + \mu b \tag{5.1}$$

式中，α_1、β_1 为垂直进路方向散体流动参数。H_i 为分段高度，m。b 为进路宽度(m)，矿山 $b = 4.0$m。μ 的取值与废石漏斗在进路顶板的出露宽度有关，当采用无贫化放矿方式时，$\mu \approx 0$；当采用低贫化放矿方式时，$\mu \approx 0.1 \sim 0.6$；当采用截止品位放矿方式时，$\mu \approx 0.75$。

根据 4.3 中矿岩散体流动测定得出：$\alpha = 1.6288$，$\beta = 0.0763$，$k = 0.08488$，$\alpha_1 = 1.5414$，$\beta_1 = 0.1312$，回归相关系数 $R^2 = 0.9972$。将 $\alpha_1 = 1.5414$、$\beta_1 = 0.1314$、$\mu \approx 0.1 \sim 0.6$、$b = 4.0$m、$H_i = 15$m 代入进路间距的计算式 [式（5.1）]，低贫化放矿时的合理进路间距为 12.7 ~ 14.8m。考虑回采强度对增大崩矿步距的需要以及加大进路间柱对防止采动地压破坏的作用，取进路间距为 16m。

（3）崩矿步距的确定。

分段高度和进路间距确定后，即可优化崩矿步距。理论分析表明，崩矿步距的合理值既与放矿方式有关，又与放出体、残留体与崩落体形态的影响因素有关。由于不同的放矿方式，放出漏斗在出矿口的破裂程度不同，崩落矿石的放出量受"三体"（崩落体、残留体与放出体）关系的制约程度不同。为保证较多的纯矿石放出量及形成较好的残留体形态，在分段高度、进路间距及放矿方式确定时，需调整崩矿步距，使放出体的形态与崩落体和残留体的总体边界相符。从这一原则出发，影响崩落体、残留体与放出体形态的各种因素，均会影响崩矿步距的合理值。

实际生产中，崩矿步距的确定需要经过初选与生产中逐步优化的过程。首先，根据分段高度、进路间距、放出体形态及矿石可爆破性，运用工程类比法选出崩矿步距的初始值；其次，按初始值设计2～3个分段的回采爆破参数，包括炮孔直径、炮孔排距及排面布孔方式等，在形成覆盖层正常回采条件后，观察进路端部口废石出露信息，进行崩矿步距的动态调整，直至回采效果达到最佳，取得不同矿岩条件下的崩矿步距最佳值；最后，按最佳值确定后续回采分段的崩矿步距。

根据矿岩散体流动参数的测定可知，放出体上部较宽、下部较窄，即矿石散体具有较好的流动性，且矿石具有良好的可爆破性。因此，确定崩矿步距的初始值为1.6m。

5.2.2　东南区及西北区采矿方法

西北区主要开采0m以上西部矿体，地表有尾矿库、县级公路、矿山便道、池塘等压矿，应用充填法开采；东南区为下部采区，划归二期开采，由于地表有工业设施压矿，也需要应用充填法开采。西北区的矿体倾角为40°～60°，矿体厚度为20～30m，矿体形状呈块状，其中部分矿体已经用空场法开采，目前采空区处于稳定状态。为确保地表设施不被采动岩移破坏，未开采的矿体需改用充填法开采，已经开采矿体的采空区需要进行充填治理。该区域内埋深较小，采动地压较小，有利于采场的稳定。矿岩完整性系数为0.55～0.56，表明节理裂隙比较发育，需防止采场顶板掉块造成伤害。考虑到矿体规模较小和品位较低，且矿石与废石运输方便，选用干式充填法开采方案。为提高矿石回采率，结合矿体形态，设计上向分层干式充填法，其采场结构如图5.6所示。这一结构是针对大北山铁矿矿体条件与生产现状设计的，上部矿体回采只是主矿体前期产量不足的补充，故只是少量回采，待下部保护区矿体投入回采，建立充填系统后，再大量回采。

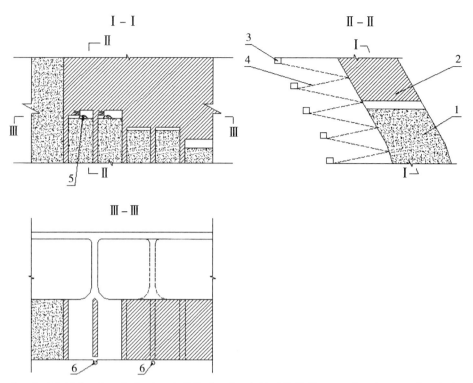

1—废石充填体；2—矿石；3—分段巷道；4—分段联络巷道；5—矿石堆；6—放矿溜井

图 5.6　上向分层干式充填法采场结构

开采矿体时，将矿块划分为矿房和矿柱，第一步回采矿房，第二步回采矿柱。回采矿房时，自下向上水平分层进行，随工作面向上推进，逐步充填采空区，并留出继续上采的工作空间。充填体维护两帮围岩，并作为上采的工作平台。崩落的矿石落在充填体的表面，用机械方法将矿石运至溜井中。矿房回采到最上面分层时，进行接顶充填。矿柱则在采完若干矿房或全阶段采完后，进行回采。回采矿房时，再用废石充填采场。矿体由斜坡道开拓，分段高度为15～20m，采下矿石可从采场直接装车经斜坡道运至地表。斜坡道直通下部主采区，可将下部掘进碴石运到采场进行废石充填。垂直矿体走向（矿体长度方向）布置采场，根据矿岩可冒性分析结果，取采场宽15m、间柱宽3m。用浅孔落矿，采下矿石在采场直接装车运至地表选矿厂，充分利用井下掘进废石充填。考虑到废石充填料的供给能力和限制采场顶板暴露时间，设计每两个采场为一组进行回采，即每两个采场设置一条联络巷道与一条回风天井，两个采场由下至上同步回采。但当矿体长度不太长、采场总数不超过 4 个时，可对整个矿体设计一条联络巷道与一条回风天井，所有采场由下至上同步回采。

5.3　地表沉陷的监测方案

由于地表建筑物分布较分散且矿山 30m 中段以下有较大存量矿石待采，这些地表与井下的长期动态生产过程加快了陷落区的扩展过程。因此，出于保护建筑物安全及验证模型适用性的目的，需要对矿山进行必要的监测。

5.3.1　监测方案选择

岩体结构面密闭、岩石硬度中等偏上，岩体发生破坏过程中，将有声响和明显位移，并且出露明显的断裂线。为此，通过监测岩体的变形或位移、观察断裂线的发育状况，可掌握岩体的地压活动状态与失稳后的冒落形式。

为了保障安全生产，需要建立真实可靠的监测系统。根据矿山实际生产状况和分区划分界限，经研究，有两种监测方案可供选择：一是在地表打垂直钻孔，使用 RG 井下电视进行监测；二是采用无人机遥感技术监测地表陷落区，并对可能最早冒透地表的位置采用 RG 井下电视监测。第一种监测方案是在接近预测的陷落区界限位置打垂直钻孔，利用 RG 井下电视对钻孔边壁进行监测。其优点是可以清楚地看到钻孔边壁的壁面状态，能够监测裂纹发育与变化的全过程；缺点是布孔工作量大，不能宏观地观测到地表裂隙线的发展规律。第二种监测方案是使用无人机遥感技术对矿区进行监测，并通过测量基准点坐标，确立裂隙线及陷落区的具体形态和坐标，减少钻孔数量，节约资金成本，也可直观地观测岩体的变化情况。综合分析大北山铁矿矿石开采的迫切性，以及陷落范围监测的便捷性，研究选取第二种监测方案，即采用无人机遥感技术监测＋RG 井下电视监测地表陷落范围扩展趋势及地表变化过程。

5.3.2　RG 井下电视监测方案

RG 井下电视是近几年发展起来的新型光学测井技术，利用数字化处理、图像分割及边缘跟踪等手段，可以直观地监测岩石破坏情况，并利用成像原理得出电视图像中实物的几何尺寸，达到井下电视定量解释的目的。

（1）RG 井下电视系统。

RG 井下电视系统包括地表采集系统、软件分析系统、绞盘和电缆、探头四个部分。RG 井下电视系统的探测深度最大可达 3000m，系统配备的 6 种高精度探头在现场即可实时进行地质钻孔孔壁全方位高精度成像和裂隙自动追踪（图 5.7、图 5.8）。

图 5.7 RG 现场监测

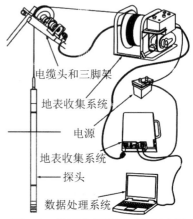

图 5.8 井下电视监测系统示意图

利用 RG 井下电视系统对预测的初始塌陷区的岩体节理裂隙进行跟踪监测，监测节理裂隙的产状、发育变化状况及岩石的破坏情况，能为指导矿山现场生产提供判断依据。

（2）监测技术及结果。

在预测的初始塌陷区位置上开凿两个钻孔，通过监测岩石的破坏情况，指导矿山现场采矿工作。监测钻孔直径 150mm，1♯探孔深约为 211m，2♯探孔深约为 228m。监测过程中，需注意作业安全，当测量人员感受到震感或听到落块声响时立即停止监测作业，撤离现场。因为岩石距离采场越近越容易产生裂隙，同时钻孔深度较大，因此仅选取最下部 20m 的图像。

根据上述初始图片的信息，得出矿岩节理裂隙发育，结构面密闭，当暴露面积大时具有良好的可冒性。在后续实时监测过程中，将监测图片与原始图片进行对比分析，为矿山安全生产提供指导，并可详尽掌握矿岩破坏情况。在后续探孔监测的过程中，如出现短时间内节理裂隙明显增多的现象，需要小心顶板掉块。当地表附近节理裂隙极具增多时，需要及时撤离。并根据探测情况，指导井下运输系统的适时改道。

5.3.3 无人机遥感技术监测方案

无人驾驶飞机简称无人机，是利用无线电遥控设备和自备的程序控制装置操纵的不载人飞机。它可以携带各种设备，处理各样问题，并且具有重复不间断使用的特点。无人机遥感技术就是将无人机与遥感技术相结合，使用先进的无人机驾驶飞行技术、遥感技术、通信技术及 GPS 差分定位技术快速准确地获得监测空间的遥感信息，并完成遥感数据处理、建模和应用的技术。

无人机遥感系统可分为空中部分、地面部分及数据后处理部分（图 5.9）。其中，空中部分包括遥感传感器子系统、遥感空中控制子系统及无人机平台，地面部分包括航迹规划子系统、无人机地面控制子系统及数据接收显示子系统，数据后处理部分包括影像数据预览子系统和影像数据后处理子系统。

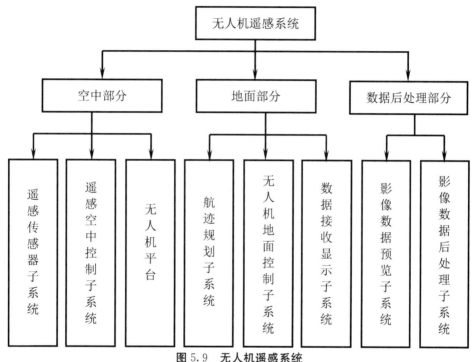

图 5.9　无人机遥感系统

（1）空中部分。

航摄平台选用大疆精灵 4 Pro（图 5.10），其具有易于操控、拍摄效果清晰、防碰撞功能强的优点。它的最大水平飞行速度为 72km·h^{-1}，最大飞行海拔高度为 6000m，传感器为 1 英寸 CMOS，有效像素为 2000 万（总像素为 2048 万），每块电池飞行时间约为 30min。

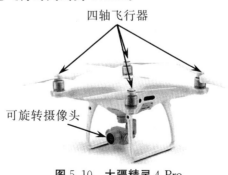

图 5.10　大疆精灵 4 Pro

航行高度计算公式为：

$$H_e = \frac{F \cdot GSD}{X} \qquad (5.2)$$

式中，H_e 为摄影航行高度，m；F 为镜头焦距，mm；GSD 为地表分辨率，m；X 为像元尺寸，mm。

根据矿山实际情况和拍摄要求，得出摄影航行高度为 200m。同时要保证最高高程面的航向重叠度不小于 60%，旁向重叠度不小于 35%。

（2）地面部分。

首先，根据矿山实际开采情况和初始航拍矿山全景平面图，确定航拍区间，并实地考察矿山航拍区间。其次，在区间的四个人流量较少的角落设置控制点标志，并实地测量出控制点的坐标，作为后续建立三维模型的基础。进场后，在航线上选择合适的位置作为起飞点，无人机平均飞行速度为 6m·s^{-1}。无人机配有 5 个备用电池。在航拍过程中，时刻检查航片的清晰度、比例尺一致性、外方位角元素是否符合标准、旁向重叠是否超标，以及航线的直线性等航摄质量。如果出现问题，及时进行现场补飞。

（3）数据后处理部分。

航拍的图片符合航测成图的基本要求后，制作成区间的数值正射影像图，即根据四个控制点的坐标，运用数字摄影工作站生成该区间的数字高程模型，再进行倾斜误差改正和投影误差改正，这样就形成了数值正射影像图。随后，将各个正射影像组合在一起，进行匀光处理，整理出来的影像即为数字正射影像图，制作流程如图 5.11 所示。

图 5.11　数字正射影像图制作流程

（4）现场监测结果及分析。

采用无人机遥感技术建立矿区三维模型。通过不间断连续监测矿区，可以清晰地观测地表陷落范围的变化情况。遥感影像图可以直观地展示裂隙线的形态、长度、方向及宽度等信息。初始地表塌陷区出现后，随着地下开采的进行，地表裂隙线逐渐向主井位置扩展。由于塌陷区内散体侧压力的作用，地表裂隙线的扩展速度逐渐降低，如图 5.12 所示。至 0m 水平开采结束时，陷落范围边缘与主要建筑物的实测距离及模型预测值见表 5.2。根据表 5.2 得出，至 0m 水平开采结束时，陷落范围边缘与主要建筑物的实测距离与模型预测值的相对误差均小于 9%，验证了预测模型的适用性。

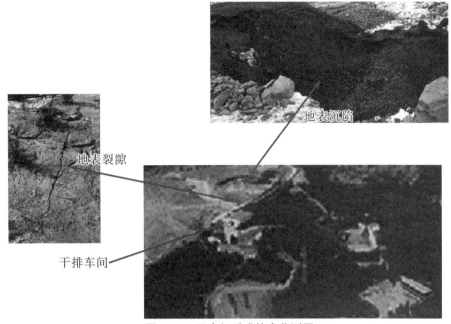

图 5.12　无人机遥感技术监测图

表 5.2　陷落范围边缘与主要建筑物的实测距离及模型预测值

名称	主井	副井	公路	水库	干排车间
预测距离（m）	136	74	30	200	28.7
实际距离（m）	127	68	31.3	184	31.2
相对误差（%）	7.09	8.82	−4.15	8.70	−8.01

5.4　技术经济指标

分区开采方案的主要技术经济指标如下：

（1）设计储量为 2004.88 万吨。中央区采用无底柱分段崩落法与诱导冒落法，西北区和东南区采用上向分层干式充填法开采被地表设施压覆的矿体，实现大北山铁矿的安全高效开采。

（2）矿石回采率为 80%。考虑矿体赋存条件、矿石价值较低、矿体被空区严重破坏等情况，设计矿石回采率为 80%。

（3）矿石贫化率为 20％。井下放出崩落矿石与冒落矿石，由于矿石层高度大，故设计矿石贫化率为 20％。为实现此目标，要求加强出矿管理，并采用低贫化放矿方式，控制岩石混入。

（4）生产能力为 120 万吨/年。西北区主要开采第 6 号勘探线以西的 0m 以上西北部矿体，以及第 8 号勘探线东 50m 以西的 0m 以下矿体；中央区主要开采西北区以东的－330m 以上矿体；东南区主要开采西北区以东的－330m 以下矿体。根据矿体赋存条件与现有开采系统条件，整个矿床分两期开采，一期开采中央区与西北区矿体，二期开采东南区矿体。

第6章　基于预测模型的采动地表塌陷区内尾砂干排方案研究

随着我国矿产资源开发力度增加，尾砂排放量迅速增大，国内大部分矿山都面临着尾矿库容量不足和新建尾矿库征地困难的难题，合理高效地处置尾矿堆存问题已成为矿床延深开采的共性难题。尾矿干式堆存是近年来发展起来的一种新型尾矿处置方法，已在国内外多个矿山中应用。但该方法在干堆区域选择上有一定限制，故对其推广应用造成影响。尾砂胶结充填和尾砂胶结＋非胶结充填方案虽然可以提高充填膏体的强度，减少尾砂入渗回采矿石的数量，但实验矿山矿石品位较低，采用这两种方案将会增加矿山的开采支出，给矿山带来巨大的经济和生产负担。因此，针对现场条件，本章在参考前人研究成果的基础上，研究采动地表塌陷区内尾砂干排影响的防控方法，为类似矿山尾砂堆存提供借鉴。

基于放矿扰动下地表陷落范围预测模型得出，当塌陷区内充填废石高度在临界散体柱高度以上时，边壁滑落活动也将趋于停止。当充填废石高度达到临界散体柱高度以后，将尾砂干排至采动地表塌陷区，可以保证地表陷落范围不会扩展，所以干排方案不需要考虑尾砂膏体的强度。塌陷区和现有尾矿库都位于山体顶部，且配有抽水设备，故尾砂库中不存在积水现象，只需考虑降雨期间雨水入渗是否会对井下回采造成影响。同时，因干排尾砂进行了干堆固结处理，故减小了尾砂的流动性。针对现场条件，采动地表塌陷区内尾砂干排主要考虑以下两个影响因素：①放矿扰动下，塌陷区内尾砂的穿流作用是否会造成尾砂掺杂现象；②雨水作用下，尾砂是否会随着雨水入渗到工作面，形成井下泥石流。因此，本书研究了放矿扰动对尾砂颗粒穿流特性的影响规律和雨水作用下尾砂颗粒的入渗规律，提出了放矿过程中控制尾砂掺杂及防治井下泥石流形成的技术方案，并在矿山开展工业试验，验证了方案的可行性。

6.1 放矿扰动对尾砂颗粒穿流特性的影响规律及防控方法研究

尾砂干排至采动地表塌陷区后，由于颗粒粒径较小，受到放矿扰动的作用，尾砂会通过矿岩散体缝隙快速到达放矿口，进而导致大量尾砂混入采出矿石中，增加了矿石贫化率和选矿费用。有关覆岩下散体移动规律的研究，前人已经做了大量工作，但对尾砂颗粒穿流特性的研究较少。本书以实验矿山干排尾砂为原型，应用相似理论得出设备尺寸，以矿岩散体高度、尾砂层厚度和回采顺序为影响因素，设计放矿扰动对尾砂颗粒穿流特性的影响规律实验，据此揭示放矿过程中尾砂掺杂过程，并提出防控方法。

6.1.1 实验设备及材料

实验参数的选取以相似理论为指导，兼顾实验条件和崩落法放矿工艺特点。在实际的相似模拟实验中，很难做到所有物理力学参数都满足相似准则，所以需要根据实验目的，选取主要相似准则进行实验设计。本次实验主要研究放矿扰动对尾砂颗粒穿流特性的影响规律，故选取 $a_\sigma = a_l a_\gamma$ 作为主要相似准则。根据矿山实际开采情况和东北大学实验设备尺寸（高×长×宽＝120cm×80cm×6cm），实验几何相似常数取 $a_l = 100$，即模型高度 1m 模拟现场高度 100m；时间相似常数为 $a_t = (a_l)^{0.5} = 10$，按现场正规作业要求和放矿时间，以 min 为单位进行时间相似比模拟；实验中放出体的最大高度为 30cm，根据放出体和松动体的关系，松动体的高度约为 73.8cm，根据实验设备尺寸，模型尺寸能够满足相似理论的要求。尾砂粒径见表 6.1。由于干排尾砂进行了干堆固结处理，减小了尾砂的流动性，使尾砂混入采出矿石的可能性减小。矿岩散体选用白云岩散体，实验系统布置如图 6.1 所示。实验采用立体模型架：为了便于观察实验动态，模型前面为有机玻璃；为了保证设备强度，其余三面为钢板；为便于装填矿石，模型背部由 12 块可拆卸的钢板组成。模型背部最下端布置 6 个放矿口，从左到右依次为 1♯～6♯ 放矿口，放矿口尺寸为 3cm×3cm（长×宽）。本组实验采用高速摄像机对放矿过程进行拍摄，实现尾砂移动过程的可视化。高速摄像机是德国 Allied Vision 公司设计生产的，型号为 GC2450C，它在分辨率为 2448×2050 的情况下可以达到每秒 15 帧，随着分辨率的下降，还可以进一步提升其拍摄帧率。另外，配有一台 SONY ICX625 CCD 传感器，可以获取高品质、高灵敏度、低噪声的图像。采用加拿大

Norpit 公司 StreamPix 软件对拍摄画面进行调控，实验完成后使用 Insight 4G
软件对尾砂移动轨迹进行分析。实验中，使用三脚架来调节摄像范围和角度。

表 6.1　尾砂粒径

粒径（mm）	>0.20	0.20~0.12	0.12~0.06	0.06~0.012	<0.012
比例（%）	12.57	14.03	20.61	38.76	14.03

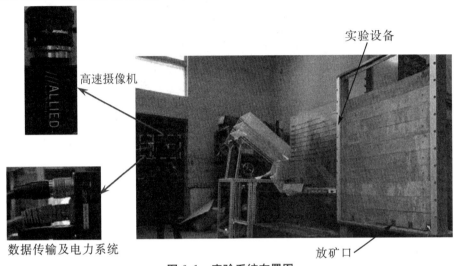

图 6.1　实验系统布置图

6.1.2　矿岩散体高度和尾砂层厚度对尾砂穿流特性的影响规律研究

6.1.2.1　实验方案设计

实验以矿岩散体高度和尾砂层厚度为主要影响因素，研究其对尾砂颗粒穿
流特性的影响规律。为了进一步研究松动体对尾砂穿流特性的影响，在矿岩散
体中放置一层红色标志物颗粒（图 6.2）。选取四种不同的矿岩散体高度
（36.9cm、49.2cm、61.5cm、73.8cm）、四种不同的尾砂层厚度（10cm、
20cm、30cm、40cm），共设计 7 次实验。

尾砂与白云岩散体的交界面

标志物颗粒

图 6.2　实验装填图

松动体高度与放出体高度的关系式为：

$$H_g = h_g(\alpha + 1)\sqrt{\frac{\delta}{\delta - 1}} \tag{6.1}$$

式中，H_g 为松动体高度，m；h_g 为放出体高度，m；δ 为散体下移时的二次松散系数；α 为散体流动参数。

分别在矿岩散体高度为 15cm、20cm、25cm 及 30cm 处放置一层红色标志物颗粒。由式（6.1）可知，当标志物颗粒到达放矿口时，松动体的垂直高度刚好到达尾砂层和白云岩散体的交界面，即可观察松动体对尾砂穿流特性的影响，具体实验方案见表 6.2。实验过程中对 6 个放矿口等量均匀放矿，每次放矿量约为 100g，连续出矿，直至放矿口出现尾砂集中现象。放矿开始后，使用高速摄像机进行拍摄，每 1s 拍摄一张照片。

表 6.2　实验设计表

方案	矿岩散体高度（cm）	尾砂层厚度（cm）	标志物颗粒放置位置高度（cm）
方案一	73.8	20	30
方案二	61.5	20	25
方案三	36.9	20	15
方案四	49.2	20	20
方案五	49.2	10	20
方案六	49.2	30	20
方案七	49.2	40	20

6.1.2.2　实验结果及分析

图 6.3～图 6.6 是方案一～方案四的放矿过程。将高速摄像机拍摄的图片导入 Insight 4G 软件对实验过程进行分析，得出各方案每个阶段尾砂和白云岩散体的移动速度云图，如图 6.7～图 6.10 所示。

 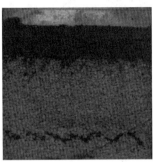 

（a）初始状态　　　　（b）标志物颗粒到达放矿口　　　（c）尾砂到达放矿口

图 6.3　方案一放矿过程

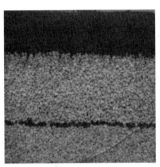  

（a）初始状态　　　　（b）标志物颗粒到达放矿口　　　（c）尾砂到达放矿口

图 6.4　方案二放矿过程

 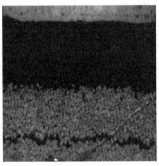 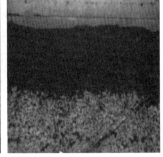

（a）初始状态　　　　（b）标志物颗粒到达放矿口　　　（c）尾砂到达放矿口

图 6.5　方案三放矿过程

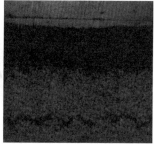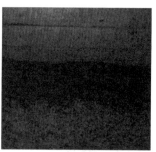

（a）初始状态　　　（b）标志物颗粒到达放矿口　　　（c）尾砂到达放矿口

图 6.6　方案四放矿过程

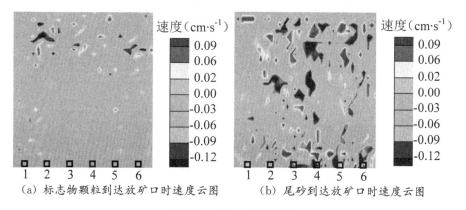

（a）标志物颗粒到达放矿口时速度云图　　（b）尾砂到达放矿口时速度云图

图 6.7　方案一速度云图

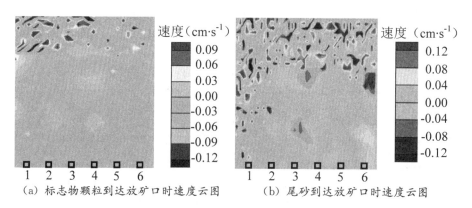

（a）标志物颗粒到达放矿口时速度云图　　（b）尾砂到达放矿口时速度云图

图 6.8　方案二速度云图

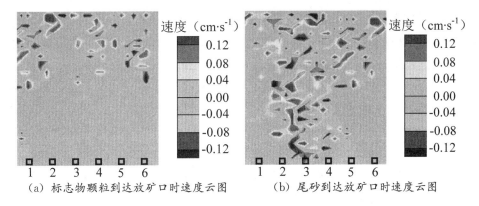

（a）标志物颗粒到达放矿口时速度云图　　　　（b）尾砂到达放矿口时速度云图

图 6.9　方案三速度云图

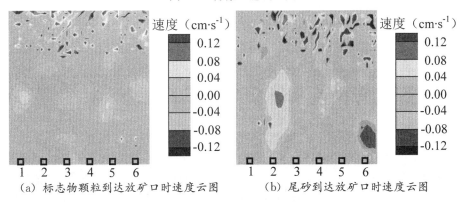

（a）标志物颗粒到达放矿口时速度云图　　　　（b）尾砂到达放矿口时速度云图

图 6.10　方案四速度云图

对于采动地表塌陷区内回填干式尾砂，研究单个尾砂颗粒运动规律没有意义，只有研究大面积的尾砂移动规律才有工程意义，因此，仅对大面积的尾砂移动进行研究。将软件分析的速度云图与拍摄的图片进行对比分析可知，速度云图中的正向快速运动区域和反向快速运动区域均为尾砂占据的区域。由方案一～方案四的放矿过程图可知，当尾砂放置在白云岩散体表面时，受到重力作用，尾砂颗粒会通过白云岩散体之间的孔隙向下流动，直至孔隙被填满，因尾砂中含有少量水分，增大了尾砂的黏聚力和体积，减小了尾砂穿流到覆盖层的机会。由于松动体的垂直高度低于尾砂与白云岩的交界面，因此，与尾砂层接触的白云岩散体并未发生松散。当标志物颗粒到达放矿口时，尾砂层发生大面积快速移动，在白云岩散体层中出现的反向快速运动区域和正向快速运动区域明显增多，尾砂随即大量穿流到达放矿口，即当松动体到达尾砂和白云岩散体交界面时，尾砂受到放矿扰动的影响，与尾砂接触的岩石发生松散，使白云岩散体中的孔隙增多，为尾砂移动提供空间。放矿过程中，颗粒的移动速度与粒径成反比，故白云岩散体的移动速度远小于尾砂颗粒的移动速度，导致尾砂颗粒先于散体到达放矿口，进而造成尾砂大量混入采出矿石，增加了矿石贫化率和选矿费用。松动体高度是影响放矿过程中尾砂掺杂的重要因素，尾矿颗粒和白云岩散体的接触面高于松动体高度就可避免尾砂大量混入采出矿石。分析实验结果得出，当松动体的高度低于尾砂颗粒与覆盖层的交界面时，尾砂颗粒穿流到矿岩散体中的数量较少；当松动体高度到达尾砂颗粒与白云岩散体的交界面后，尾砂颗粒先于散体到达放矿口，进而造成尾砂大量混入采出矿石。

图 6.11～图 6.13 是方案五～方案七的放矿过程，图 6.14～6.16 是方案五～方案七每个阶段尾砂和白云岩散体的移动速度云图。分析图片得出，尾砂层厚度增加，导致尾砂颗粒放置在白云岩散体上时，尾砂穿流到白云岩散体中的数量明显增多。当松动体未到达尾砂与白云岩散体的交界面时，尾砂会沿着白云岩散体原有的孔隙移动，由于尾砂上部压力增大，穿流量随着尾砂层厚度的增加而增大，但放矿口未见尾砂颗粒。当标志物颗粒被放出后，与尾砂层接触的白云岩散体发生松散，散体中的孔隙增多，尾砂颗粒沿着新形成的孔隙移动，尾砂颗粒将很快到达放矿口，且尾砂的放出量不断增加。因此，尾砂层的厚度对放矿尾砂掺杂问题的影响不显著。只要尾砂和覆盖层的交界面始终在松动体范围之上，向塌陷区内持续干排尾砂不会导致尾砂大量混入采出矿石。

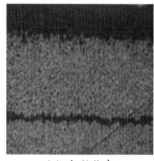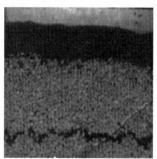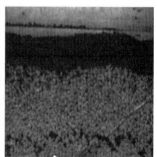

（a）初始状态　　　（b）标志物颗粒到达放矿口　　　（c）尾砂到达放矿口

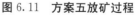

图 6.11　方案五放矿过程

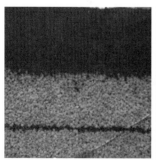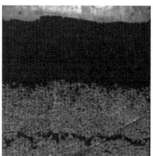

（a）初始状态　　　（b）标志物颗粒到达放矿口　　　（c）尾砂到达放矿口

图 6.12　方案六放矿过程

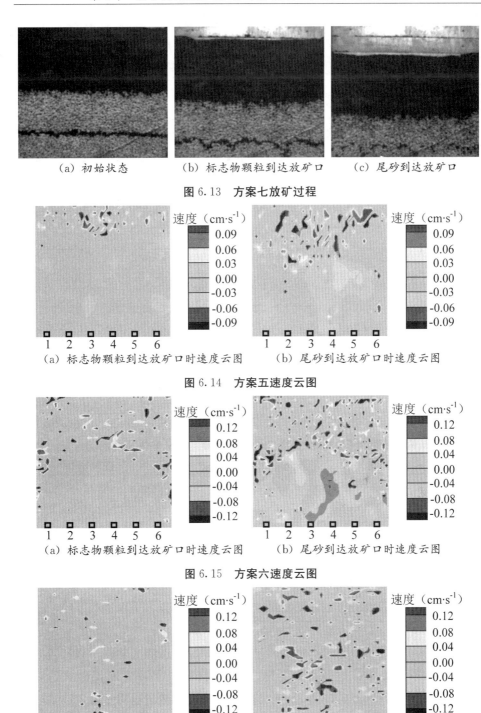

（a）初始状态　　　　（b）标志物颗粒到达放矿口　　　（c）尾砂到达放矿口

图 6.13 方案七放矿过程

（a）标志物颗粒到达放矿口时速度云图　　　（b）尾砂到达放矿口时速度云图

图 6.14 方案五速度云图

（a）标志物颗粒到达放矿口时速度云图　　　（b）尾砂到达放矿口时速度云图

图 6.15 方案六速度云图

（a）标志物颗粒到达放矿口时速度云图　　　（b）尾砂到达放矿口时速度云图

图 6.16 方案七速度云图

6.1.3 回采顺序对尾砂穿流特性的影响规律研究

6.1.3.1 实验方案设计

实验以回采顺序为主要影响因素，分析其对尾砂穿流特性的影响规律。本次实验的矿岩散体高度为49.2cm，尾砂层厚度为20cm，在散体高度为20cm处放置一层红色标志物颗粒。以回采顺序（从中央向两翼回采、从两翼向中央回采、间隔回采、等量均匀出矿）为主要影响因素，设计四组实验，见表6.3。

表 6.3 实验设计表

方案	回采顺序
方案一（等量均匀出矿）	1♯～6♯放矿口等量均匀出矿
方案二（间隔回采）	先对1♯放矿口、3♯放矿口及5♯放矿口等量均匀出矿；静置20min，然后对2♯放矿口、4♯放矿口及6♯放矿口等量均匀出矿
方案三（从中央向两翼回采）	先对4♯放矿口和3♯放矿口等量均匀出矿；静置20min，然后对2♯放矿口和5♯放矿口等量均匀出矿；静置20min，最后对1♯和6♯放矿口等量均匀出矿
方案四（从两翼向中央回采）	先对1♯放矿口和6♯放矿口等量均匀出矿；静置20min，然后对2♯放矿口和5♯放矿口等量均匀出矿；静置20min，最后对3♯放矿口和4♯放矿口等量均匀出矿

6.1.3.2 实验结果及分析

本组实验的方案一与6.1.2中方案四相同，因此本节对后三种方案进行分析。图6.17～图6.19是方案二～方案四的放矿过程，图6.20～图6.22是方案二～方案四每个阶段尾砂和白云岩散体的移动速度云图。分析图片可得出，初始放矿时，对应放矿口上方尾砂颗粒与覆盖层的交界面呈现水平下降，未有尾砂到达放矿口。当标志物颗粒到达放矿口后，尾砂将很快到达放矿口，造成尾砂掺杂现象。方案对应的初始放矿口结束放矿后，按照实验顺序对其他放矿口进行放矿，初始放矿时就有少量尾砂到达放矿口，且不断有尾砂到达放矿口。标志物颗粒到达放矿口后，尾砂混入采出矿石的数量也明显增多。基于上述实验现象分析得出，初始放矿时，尾砂大量混入采出矿石仅与松动体高度有关。前一次放矿结束后，两个相邻放矿口之间的白云岩散体产生明显错动，尾砂颗粒通过散体错动产生的孔隙到达放矿口。标志物颗粒被放出后，尾砂混入放出矿石的数量急剧增加，这表明当松动体到达尾砂颗粒与覆盖层的交界面时，该放矿口上方的尾砂开始大规模穿流运动。比较分析三组实验与 6.1.2 中方案四可知，造成尾砂混入的主要因素是松动体高度和回采顺序。不同步的回采进度将使矿岩散体之间产生错动，缩短尾砂到达放矿口的时间。回采导致的错动越明显，尾砂混入采出矿石的数量越多。矿石回采的过程中，应尽量协调各进路的回采进度，减少矿石散体之间的错动，从而避免尾砂对井下回采造成影响。

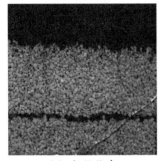
（a）初始状态

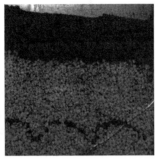
（b）1＃放矿口、3＃放矿口及 5＃放矿口出现标志物颗粒

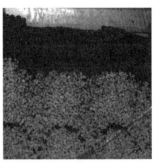
（c）1＃放矿口、3＃放矿口及 5＃放矿口出现尾砂

（d）2＃放矿口、4＃放矿口及 6＃放矿口出现标志物颗粒

（e）2＃放矿口、4＃放矿口及 6＃放矿口出现尾砂

图 6.17　方案二放矿过程

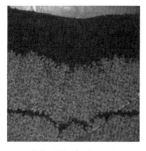

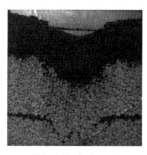

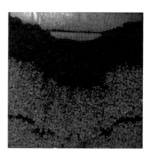

（a）3#放矿口及
4#放矿口出现标志物颗粒

（b）3#放矿口及
4#放矿口出现尾砂

（c）2#放矿口及
5#放矿口出现标志物颗粒

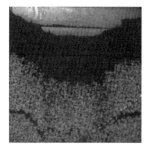

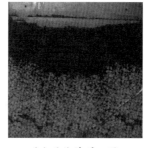

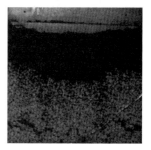

（d）2#放矿口及
5#放矿口出现尾砂

（e）1#放矿口及
6#放矿口出现标志物颗粒

（f）1#放矿口及
6#放矿口出现尾砂

图 6.18　方案三放矿过程

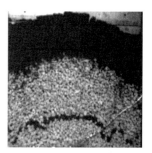

（a）1#放矿口及
6#放矿口出现标志物颗粒

（b）1#放矿口及
6#放矿口出现尾砂

（c）2#放矿口及
5#放矿口出现标志物颗粒

（d）2#放矿口及
5#放矿口出现尾砂

（e）3#放矿口及
4#放矿口出现标志物颗粒

（f）3#放矿口及
4#放矿口出现尾砂

图 6.19　方案四放矿过程

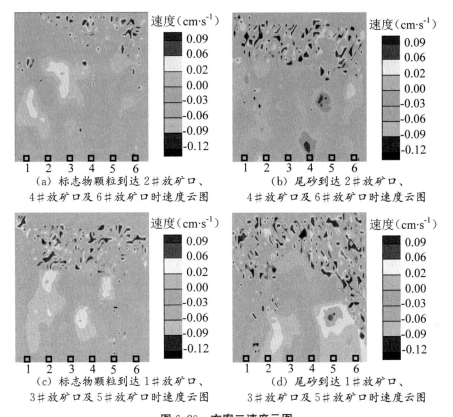

（a）标志物颗粒到达 2# 放矿口、
4# 放矿口及 6# 放矿口时速度云图

（b）尾砂到达 2# 放矿口、
4# 放矿口及 6# 放矿口时速度云图

（c）标志物颗粒到达 1# 放矿口、
3# 放矿口及 5# 放矿口时速度云图

（d）尾砂到达 1# 放矿口、
3# 放矿口及 5# 放矿口时速度云图

图 6.20　方案二速度云图

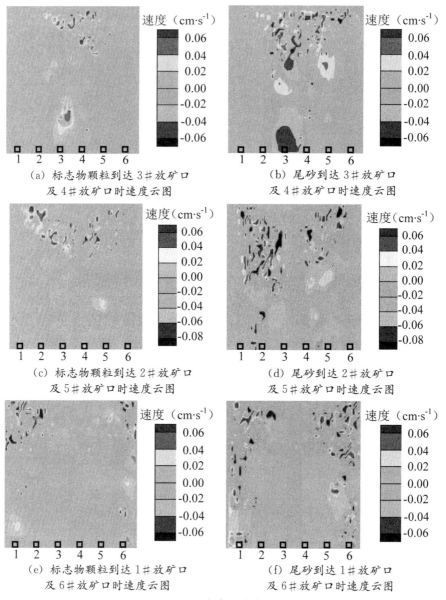

（a）标志物颗粒到达 3# 放矿口
及 4# 放矿口时速度云图

（b）尾砂到达 3# 放矿口
及 4# 放矿口时速度云图

（c）标志物颗粒到达 2# 放矿口
及 5# 放矿口时速度云图

（d）尾砂到达 2# 放矿口
及 5# 放矿口时速度云图

（e）标志物颗粒到达 1# 放矿口
及 6# 放矿口时速度云图

（f）尾砂到达 1# 放矿口
及 6# 放矿口时速度云图

图 6.21　方案三速度云图

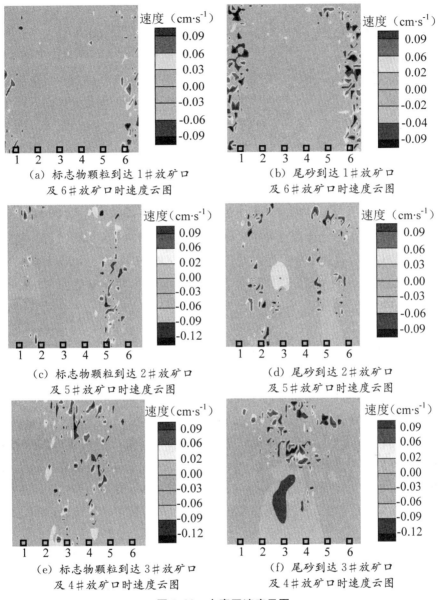

(a) 标志物颗粒到达 1♯放矿口
及 6♯放矿口时速度云图

(b) 尾砂到达 1♯放矿口
及 6♯放矿口时速度云图

(c) 标志物颗粒到达 2♯放矿口
及 5♯放矿口时速度云图

(d) 尾砂到达 2♯放矿口
及 5♯放矿口时速度云图

(e) 标志物颗粒到达 3♯放矿口
及 4♯放矿口时速度云图

(f) 尾砂到达 3♯放矿口
及 4♯放矿口时速度云图

图 6.22 方案四速度云图

6.1.4 防控方法研究

基于现场条件和实验结果分析得出，造成放矿尾砂掺杂的主要影响因素是矿岩散体高度和回采顺序。下面基于这两个影响因素对放矿过程中尾砂掺杂的防控方法进行研究。

（1）矿岩散体高度。

根据随机介质放矿理论，在松动范围内，各水平层呈现漏斗状凹下，松动体以上散体缓慢向下移动。尾砂颗粒与散体的交界面先近似平面状平缓下降，当界面下降到松动体范围后，开始出现凹凸不平的现象。同一水平层的下降速度各不相同，导致松动体范围内的散体发生相对移动，进而使散体内部产生错动和孔隙。当松动体高度低于尾砂颗粒与散体的交界面时，尾砂与交界面处的散体呈现水平下降，交界面处的散体并未发生相对移动，交界面散体附近的孔隙已被尾砂填满，故尾砂穿流范围较小。当松动体到达尾砂颗粒与散体的交界面时，交界面和尾砂层呈现凹凸不平的现象，随着放矿过程的进行，凹凸不平的现象愈加明显。交界面附近，散体发生松散和相对移动，为尾砂提供了移动的通道。因尾砂的移动速度远大于散体，故使大量尾砂混入开采矿石。基于以上分析，当松动体高度低于尾砂层与覆盖层的交界面时，尾砂不会大量混入采出矿石。崩落法开采大部分以 15m 作为分段高度，采用无贫化回采，松动体高度约为 36.9m。由于矿石不能完全被回采及其碎胀性，覆盖层会随着矿石开采的进行而逐渐增加。因此，只要尾砂层与首采分段的距离大于松动体高度，就可以避免尾砂大量混入开采矿石。因为塌陷区内散体柱高度远大于松动体高度，所以当充填废石高度在临界散体柱高度以上时，采动地表塌陷区内干排尾砂不会造成大量尾砂混入采出矿石。

（2）回采顺序。

根据随机介质放矿理论，全量放矿会使矿岩界面在下降过程中过早出现凹凸不平的现象。初始放矿口放矿结束后，其上方尾砂层与覆盖层交界面出现凹凸不平的现象，交界面附近散体发生松散和相对移动，导致散体内部产生错动和孔隙；后续放矿口放矿时，尾砂会通过上一个放矿阶段产生的错动和孔隙到达放矿口，造成尾砂混入采出矿石，且尾砂混入量随着放矿过程的进行逐渐增多。矿石回采的过程中，应尽量协调各进路的回采进度，减少矿石散体之间的错动，避免尾砂对井下回采造成影响。同时，大块率的增多和不规则的巷道形状也会破坏放出体的形态，使尾砂混入采出矿石。因此，回采过程中应尽量减少大块率并保持巷道呈现拱形。

基于大北山的现场条件和上述分析，可得出用等量均匀放矿，尽量减少大块率并保持巷道呈现拱形，当充填散体到达临界散体柱高度后，干排尾砂至采动地表塌陷区内不会造成尾砂大量混入开采矿石。

6.2　雨水作用下尾砂颗粒的入渗规律及防控方法研究

尾砂干排至塌陷区后，在长时间、高强度降水的作用下，饱和尾砂会随着雨水流入地下；在裂隙集中的区域内，尾砂和雨水形成高势能的尾砂团；在强烈外力的作用下，尾砂团平衡被破坏，大量尾砂团向下入渗引起井下发生泥石流现象。雨水入渗后，尾砂层中若不具备残蚀力，而是直接进入地下采场，不夹杂尾砂团，则不会对井下生产造成威胁。根据现场条件得出，井下泥石流形成的基本条件是降雨总量、降雨强度及放矿扰动。由于塌陷区和现有尾矿库都位于山体顶部，且配有抽水设备，因此尾砂库中不存在积水现象，只需考虑降雨期间雨水入渗情况是否会对井下回采造成影响。基于放矿扰动对尾砂颗粒穿流特性的影响规律实验得出，当覆盖层与尾砂颗粒的交界面高于松动体高度时，尾砂呈现缓慢水平下降。因临界散体柱高度远大于松动体高度，故放矿扰动对雨水作用下尾砂颗粒入渗过程的影响较小。本书以降水总量和降雨强度为影响因素，研究雨水作用下尾砂颗粒的入渗规律及其对井下回采的影响，并据此提出防控方法。

6.2.1　实验方案设计

降水量是指单位面积的水层深度，故本实验对设备模型的长度和宽度没有严格设定。根据实验设备和现场情况，选取相似常数 $a_l = 10$。矿山属于温带大陆性季风气候，雨量较充足，年平均降水量为 880mm，主要集中在 7—9 月。根据气象局规定，24 小时内的降雨量称为日降雨量，小雨的日降雨量在 10.0mm 以下，中雨的日降雨量为 10.0～24.9mm，大雨的日降雨量为 25.0～49.9mm，暴雨的日降雨量为 50.0～99.9mm，大暴雨的日降雨量为 100.0～250.0mm，特大暴雨的日降雨量超过 250.0mm。参考上述资料，选取小雨降雨量为 9mm·d^{-1}，中雨降雨量为 24mm·d^{-1}，大雨降雨量为 49mm·d^{-1}，暴雨降雨量为 99mm·d^{-1}。根据相似理论得出模拟实验中的降水总量和降雨强度，采用花洒控制水量和压强。根据某市近十年的降雨情况，设计的实验方案及降雨期间的雨水最大入渗深度见表 6.4。

表 6.4　实验设计及结果

方案	降雨总量（mm）	降雨强度（h）	最大入渗深度（cm）
方案一（小雨降雨量）	0.9	2.4	0.9
方案二	1.35	3.6	1.3
方案三	1.8	4.8	1.6
方案四	2.25	6.0	1.8
方案五	2.7	7.2	2.1
方案六（中雨降雨量）	2.4	2.4	3.2
方案七	3.6	3.6	4.2
方案八	4.8	4.8	5.4
方案九	6.0	6.0	6.3
方案十	7.2	7.2	7.2
方案十一（大雨降雨量）	4.9	2.4	10.0
方案十二	7.35	3.6	14.6
方案十三	9.8	4.8	19
方案十四	12.25	6.0	23.5
方案十五	14.7	7.2	27.7
方案十六（暴雨降雨量）	9.9	2.4	35.3
方案十七	4.95	1.2	19.6

6.2.2　实验结果及分析

方案十一的实验结果如图 6.23 所示。尾砂颗粒吸水膨胀，阻断水流下流的通道，并在表面形成一层托水层。随着水滴不断滴落，托水层破坏，尾砂表面形成局部断裂。之后水流沿着托水层的裂隙向下流动，下层尾砂吸水饱和后，又形成新的托水层，并在此处形成一个明显的断裂层。雨水继续与下层尾砂接触，直到水滴的冲击力不足以破坏新形成的托水层为止。由于尾砂中掺杂了絮凝剂，所以干排尾砂遇水后吸水膨胀，胶结成膏体状，内部有一定的内聚力，使流动性大大减弱。另外干排尾砂不易溶于水，尾砂遇水胶结后形成托水层，限制了雨水向下入渗。只有在强烈的外力作用下不断残蚀尾砂膏体内部的黏聚力，才能使尾砂颗粒迅速下渗，从而形成井下泥石流。因此，使雨水在尾砂中不具备残蚀力，将不会对井下生产造成威胁。塌陷区和现有尾矿库都位于山体顶部，配有抽水设备，故尾矿库中不存在积水现象。基于实验结果分析得出，只要尾砂层厚度大于降雨期间的雨水最大入渗深度，就可以保证雨水冲击干排尾砂不会对井下造成威胁。

（a）1.2h　　　　　　　　　　（b）2.4h

图 6.23　方案十一的实验结果

6.2.3　防治方法研究

基于实验结果和现场条件得出，形成井下泥石流的基本条件是降雨总量、降雨强度及放矿扰动。下面基于上述三个影响因素对防治井下泥石流形成的方法进行研究。

（1）放矿扰动。

根据随机介质放矿理论，在松动范围内，各水平层呈现漏斗状凹下。当尾砂层位于松动体范围内时，尾砂层呈现凹凸不平的现象。脱水处理后的尾砂黏度过小或没有黏度，导致尾砂层产生裂缝，为雨水向下渗漏提供了通道，减小了井下形成泥石流所需残蚀力。因此，尾砂干排过程中，应使尾砂层位于松动体范围外，使尾砂层近似平面状地平缓下降，减小尾砂层内部产生的裂缝。基于采动地表陷落范围模型得出，当充填废石高度在临界散体柱高度以上时，塌陷区内散体柱高度远大于松动体高度，放矿扰动对雨水作用下尾砂颗粒入渗过程影响较小。但不同步的回采进度、较高的大块率及不规整的巷道形态会影响放出体和松动体的形态，导致尾砂层中产生裂缝，因此，在回采过程中应协调各回采进路的回采进度，尽量减少大块率并保持巷道呈现拱形。

（2）降水总量和降水强度。

基于实验结果和矿山现场条件得出，只要尾砂层厚度大于降雨期间的雨水最大入渗深度，就可以保证雨水冲击干排尾砂不会对井下造成威胁。将各实验方案结果进行拟合，得出降雨期间雨水最大入渗深度与降雨总量及降雨强度的关系如图 6.24 所示。

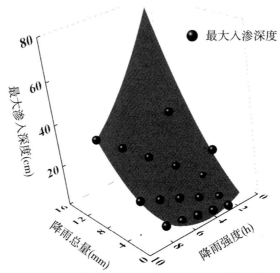

图 6.24　降雨期间雨水最大入渗深度与降雨总量及降雨强度的关系

由图 6.24 可知，降雨期间雨水最大入渗深度与降雨总量及降雨强度的拟合函数为：

$$z = 5.3649 + 3.1441x - 3.8046y + 0.1913x^2 + 0.5403y^2 - 0.6211xy$$

$$(6.2)$$

式中，z 为降雨期间的雨水最大入渗深度，cm；x 为降雨总量，mm；y 为降雨强度，h；$R^2 = 0.9860$。

由式（6.2）可算出近十年最大降雨量的雨水最大入渗深度。矿山在 12 月—次年 3 月降雨量较少，当充填废石高度达到临界散体柱高度后，选择 12 月—次年 3 月的晴天进行集中排放，使干排尾砂层厚度大于出近十年最大降雨量的雨水最大入渗深度，可防止尾砂在雨水冲击形成井下泥石流。

根据现场条件及实验结果分析，尾砂层厚度大于近十年最大降雨量的雨水最大入渗深度，采用等量均匀放矿，减少大块率并保持巷道呈现拱形，就可保证雨水冲击干排尾砂不会对大北山铁矿井下造成威胁。

6.3　工业试验

正常回采条件下，尾砂与崩落矿石之间存在一层废石隔离层，废石隔离层越厚，尾砂掺杂的可能性越小；废石隔离层越薄，尾砂掺杂的可能性越大。以实验矿山的实际生产为例，使用尾砂掺杂防控技术，解决干排尾砂的混入问题，验证了干排尾砂方案的可行性。通过制定二次回采方案与放矿制度等一系列技术措施，使试验采场基本达到正常回采指标。

6.4.1 工程概况

由于矿区狭小，没有构建尾矿库的条件，因此选用露天坑作为尾矿库，矿山前期采用空场法开采矿石。尾矿库底部的标高为 194m，为保护尾矿库，在 88m 水平回采矿体，遗留高 56m 的采空区（图 6.25）。采空区对下部矿体开采产生了巨大的安全威胁，也将造成采空区以上的矿体损失。将尾矿库和采空区之间的矿体作为试验采场，该矿体位于斜坡道西部，矿体平均厚度为 39m，平均品位为 29.5%，倾角为 40°～62°。矿体与围岩产状基本一致。矿体夹石不发育，规模较小，夹石主要为斜长角闪岩和混合花岗岩。矿岩节理裂隙发育，结构面密闭，矿石价值较低。试验采场的主要开拓工程为风井和斜坡道，斜坡道从 212.6m 开拓到 0m 水平，回风井的井口标高为 252.4m、井底标高为 0m。

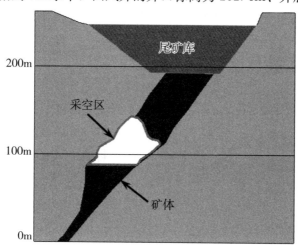

图 6.25　矿体、采空区及尾矿库剖面图

基于矿岩稳定性分级与岩体力学参数确定的需要，对试验采场出露的矿岩进行取样和点荷载强度实验。试验采场岩体基本质量指标见表 6.5。

表 6.5　试验采场岩体基本质量指标

岩性	$I_{s(50)}$ (MPa)	抗拉强度 R_t (MPa)	抗压强度 R_c (MPa)	岩石完整性系数 K_v	岩石基本质量 BQ
上盘围岩	2.741～3.481	3.426～4.351	49.432～58.512	0.18	282.96～310.548
铁矿	3.54～3.782	4.425～4.728	65.236～70.205	0.285	356.958～371.865
下盘围岩	3.7535～4.316	4.669～5.395	61.628～78.757	0.18	319.884～371.271

由表 6.5 可知，试验采场矿体与近矿围岩的稳定性可分为 III、IV 两级，即

稳定性级别属中等稳定到不稳定级别。其中，上盘围岩属于不稳定级别，铁矿属于中等稳定级别，下盘围岩属于不稳定到中等稳定级别。

采用 Hoke-Brown 强度准则与 Mohr-Coulomb 强度准则对节理化岩体的力学参数进行估算，确定试验采场岩体力学参数的相关地质参数，计算得出试验采场岩体力学参数见表 6.6，该参数用于采场结构参数的确定。

表 6.6 试验采场岩体力学参数

岩体类型	上盘围岩	铁矿	下盘围岩
岩石整体强度（MPa）	11.071	12.521	12.668
内聚力 c（MPa）	0.955	1.182	1.205
内摩擦角 ψ（°）	27.3	29	29.3

6.4.2　采矿方法确定

矿体倾角为 $40°\sim62°$，矿岩节理裂隙发育，结构面密闭，矿石价值较低，矿岩具有良好的可冒性。基于试验采场的矿体条件，确定采用无底柱分段崩落法开采，采场结构如图 6.26 所示。采准工程布置在矿体的下盘侧，三个分段组成一个回采单元，首采分段靠上盘部分作为诱导工程，诱导上覆矿岩自然冒落；下部分段在回采本分段矿量的同时，也回收上部诱导冒落的矿量。整个采场同步施工，促使上覆矿石在本分段回采过程中自然冒落。冒落的矿石，在下部分段回采过程中逐步回收。切割巷道、回采巷道及回采联巷均为三心拱，巷道断面尺寸为 $4.0m \times 4.0m$（宽×高）。切割井为方形，断面尺寸为 $2.0m \times 2.0m$（宽×长）。采用斗容为 $2.0m^3$ 的铲车出矿。对于围岩稳定性较差的部位，采用锚网或锚网喷浆支护。

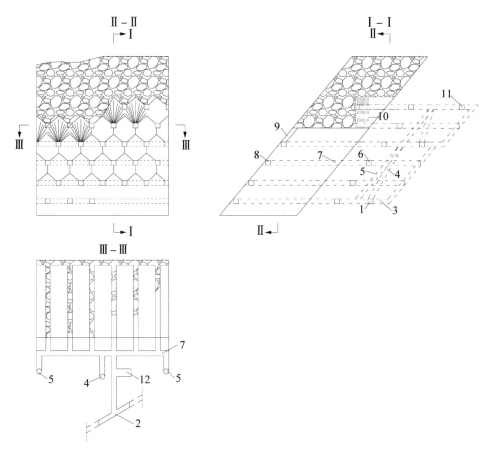

1—阶段运输巷道;2—斜坡道;3—斜坡道联络道;4—溜井;5—通风井;6—分段巷道;
7—回采巷道;8—切割巷道;9—切割天井;10—回采炮孔;11—回风巷道;12—机修硐室

图 6.26 无底柱分段崩落法的结构图

分段高度的合理值,需根据矿体条件及凿岩、装药设备的能力综合确定。按三分段回收的原则,结合凿岩与装药设备的能力,得出大北山铁矿的分段高度为 15~20m。根据开采矿体几何条件及满足在顶部留一层诱导冒落矿体以延迟尾砂混入时间的要求,选取 155m 水平作为试验采场首采分段。为了促使上覆岩层本分段回采过程中自然冒落,首采分段高度采用 19m;第二分段高度采用 15m;由于前两个分段诱导冒落已经形成覆盖层,为了提高矿山的开采效率,第三分段高度采用 20m。根据散体流动参数实验及式(5.1),首采分段和第二分段的进路间距为 16m,第三分段的进路间距为 18m;根据矿岩散体流动参数,放出体上部较宽、下部较窄,即矿石散体具有较好的流动性,且矿石具有良好的可爆破性,故确定崩矿步距的初始值为 1.6m。

为了保证试验采场的安全,在开采采空区上部矿体时,需要严防采空区冒落引起的周边岩体的陷落危害，所以采准工程不能超出采空区冒落与侧向崩落的边界。根据现场实践得出，初始塌陷区的岩体边壁一般内倾，倾角为 $75°\sim 85°$。设初始塌陷区的短半轴为 b_1，由短半轴端点按倾角 β 作直线，与冒落拱相交，在如图 6.27 所示坐标系中，交点的坐标为：

$$\begin{cases} z = \dfrac{c^2\theta_m a \cot\beta + c^3\cot\beta + cb\sqrt{b^2 - (\theta_m a)^2 - 2c\theta_m a\cot\beta}}{(c\cot\beta)^2 + b^2} \\ y = \theta_m a + (c - z)\cot\beta \end{cases} \qquad (6.3)$$

式中，a 为空区等价椭圆的长半轴，m；b 为等价椭圆的短半轴，m；c 为采空区顶板埋深，m；θ_m 为初始塌陷区的短半轴与长半轴的比值，可以采空区冒落等价椭圆的短半轴与长半轴的比值估算，一般为 $0.6\sim 1.0$；β 为岩体侧向崩落边界线倾角（°），为了保证试验采场的安全，认为倾角等于 $85°$。根据矿山实测数据得出：$a = 51\mathrm{m}$，$b = 42\mathrm{m}$，$c = 104\mathrm{m}$。

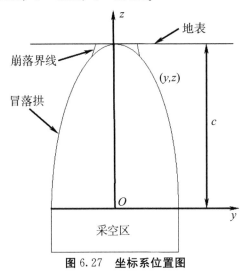

图 6.27 坐标系位置图

根据式（6.3）和图 6.27 估算出采空区的陷落范围，进而确定试验采场的开采界限，试验采场工程布置如图 6.28 所示。

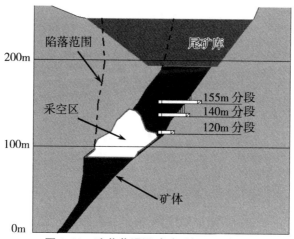

图 6.28　陷落范围及试验采场工程布置

无底柱分段崩落法应用大结构参数开采时,进路间距增大后,矿石脊部残留体增大,为了便于回收,不仅需要在分段之内设置回收进路,而且需要在分段之间设置回收进路,进行下盘残矿的二次回收。试验采场属于倾斜及急倾斜矿体,在分段内设置回收进路通常不能将下盘残留矿量完整回收。同时,受所留诱导冒落层的影响,下盘残留量较大,因此需根据下盘残留体形态,在分段之间设置一条垂直于回采巷道的下盘沿脉进路,再次回收下盘残留体(图6.29)。为解决增大结构参数与降低矿石损失贫化的矛盾,首先,用较大的采场结构参数回采原生矿体;其次,在第一步已经回采结束的中段,用较小的设备与结构参数,回采下盘残留矿量。此时,根据残留体形态,在分段下部适宜位置布置下盘沿脉进路,再次精细回收下盘残留体(图6.30)。

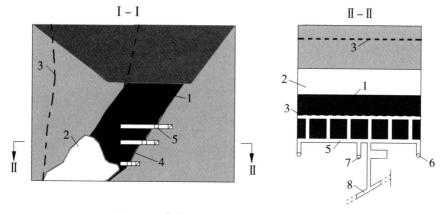

1—矿体;2—采空区;3—陷落范围;4—回采炮孔;

5—回收巷道;6—通风井;7—溜井;8—斜坡道

图 6.29　下盘残留体回收工程图

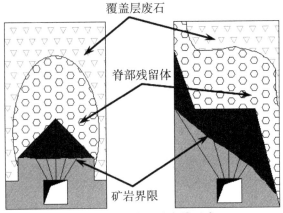

图 6.30　回收进路布置形式

6.4.3　爆破参数研究

根据采矿方法及矿岩可爆性分析，采用 YGZ-90 型中深孔凿岩机凿岩，炮孔直径采用 60mm。根据矿岩力学性质、矿山实际情况及经验公式，得出最小抵抗线为 1.6m，孔底距为 1.6m，单位炸药消耗量为 $0.31\mathrm{kg \cdot t^{-1}}$。

边孔角是无底柱分段崩落法重要的爆破参数之一。边孔角过大，下分段进路中部炮孔深度大，爆破形成的"V"形槽过窄，不利于散体流动；边孔角过小，边部炮孔进入散体流动中形成挤压带范围，无碎胀空间可供挤压爆破，使爆破时容易"打抢"，不能有效地崩落矿岩。边孔角按以下两条原则确定：①沿抵抗线方向，具有可供爆破矿石碎胀的条件，使边孔能够有效爆破；②由于凿岩设备功率不足，边孔角应尽可能小，以便减小下分段炮孔的最大深度。根据这两条原则，需要根据散体流动的特性来确定边孔角的大小。覆岩下放矿时，散体发生移动的范围（松动范围）满足下式：

$$R = \frac{\mu}{2}b + 3\sqrt{\frac{1}{2}\beta_1 Z^{\alpha_1}} \tag{6.4}$$

式中，Z 为高度方向坐标值；b 为进路宽度，$b=4.0\mathrm{m}$；a_1、β_1 为散体流动参数。

根据散体流动参数实验结果，$\alpha_1 = 1.5414$，$\beta_1 = 0.1314$，$\mu = 0.8$，代入式（6.4），得出散体移动的范围，如图 6.31 所示。根据分段高度和进路间距，由图 6.31 确定边孔角为 $67°$。考虑到凿岩机的能力和提高炮孔钻凿质量，可得最佳边孔角为 $50°$。

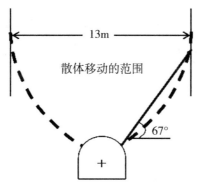

图 6.31 边孔角确定散体移动的范围

首采分段进路的主要功能是诱导上部矿岩自然冒落和卸掉第二分段进路的压力，故落矿炮孔不仅需要崩到分析确定的高度，还需要崩透直路之间的支撑。此时，边孔角小一些，既可减小第二分段进路最深炮孔的长度，又增加了进路之间矿柱的崩落高度，从而有利于崩透进路之间的支撑。在空场条件下，放矿实测出崩落矿石放出角为 40°～45°。根据放矿模拟实验，得出放出椭球体与进路宽度呈指数关系，出矿口和放出体宽度增大，回收率提高。在凿岩设备不变及凿岩中心高度固定的条件下，增大边孔角，出矿口宽度变小；如果要加宽出矿口，则要减小边孔角。大北山铁矿采用 YGZ-90 型中深孔凿岩机不支顶柱凿岩，边孔角过小将会导致凿岩台车无法正常工作。综上所述，为了提高矿石回收率、减小第二分段进路最深炮孔的长度，保证矿山正常工作，选取边孔角为 43°。

对于无底柱分段崩落法，炮排平面内的边界约束条件可以分为三类：一是由回采爆破所形成的边界，二是由回采进路所形成的边界，三是实体壁边界。根据这三类边界对爆破约束阻力的差异，孔底到爆破边界的距离也应取不同的数值。试验采场的崩矿步距为 1.6m，在此条件下，根据现场经验得出布孔参数（表 6.7）、首采分段和第二分段炮孔参数设计（表 6.8）、首采分段和第二分段炮孔布置图（图 6.32）。为减小大块率、减弱爆破震动效应，采用微差爆破方案。

表 6.7 布孔参数

参数	炮孔边孔角		孔底到边界的距离（m）		
	空场放矿	覆岩下放矿	巷道边界	爆破形成的边界	实体壁边界
数值	43°	50°	1.4～1.8	1.0～1.4	0

表 6.8　首采分段和第二分段炮孔参数设计

孔号	首采分段		孔号	第二分段	
	角度（°）	深度（m）		角度（°）	深度（m）
1	43	8.1	1	50	9.3
2	54	10.7	2	60	12.7
3	64	15.0	3	68	13.1
4	71	16.2	4	77	16.6
5	78	15.6	5	86	19.2
6	85	15.1	6	85	17.9
7	88	15.1	7	76	15.5
8	81	15.4	8	67	12.3
9	74	16.0	9	58	12.3
10	67	16.8	10	50	9.5
11	58	11.8			
12	46	8.7			

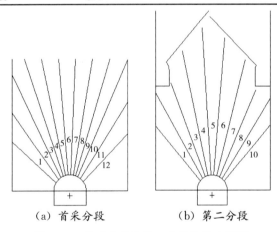

（a）首采分段　　　　　　（b）第二分段

图 6.32　首采分段和第二分段炮孔布置图

6.4.4　上覆岩层冒落过程分析

研究采空区的初始冒落形式得出，在无构造应力作用、围岩强度及节理裂隙密度比较均一的条件下，冒落线的形态能够较好地接近于拱形，此时，可按拱形冒落的原理，分析顶板围岩的受力。根据冒落跨度计算公式，得出采空区的临界冒落跨度和临界冒落面积的计算式如下：

$$L_t = 2\sqrt{\frac{2hT}{\gamma_1 H_1 + \gamma_2 H_2}} \tag{6.5}$$

$$S = \pi d^2 = \frac{2hT\pi}{\gamma_1 H_1 + \gamma_2 H_2} \tag{6.6}$$

式中，L_t 为采空区的临界冒落跨度，m；S 为采空区的临界冒落面积，m^2；h 为采空区高度，m；H_1 为采空区顶板上部岩层的厚度，m；H_2 为采空区顶板上部尾砂层的厚度，m；T 为准岩体抗压强度，MPa；γ_1 为覆岩的容重，$N \cdot m^{-3}$；γ_2 为尾砂容重，$N \cdot m^{-3}$。

矿石容重为 $3.3t \cdot m^{-3}$，尾砂容重为 $2.85t \cdot m^{-3}$，开采水平上部岩层的厚度为 38m，开采水平上部尾砂层的厚度为 55m，诱导冒落分段应设计在 155m 水平，采空区顶板标高约为 19m。试验采场回采时，临界冒落跨度：上盘围岩＜24.42m，铁矿＜25.97m，下盘围岩＜26.12m；临界冒落面积：上盘围岩＜468.36m^2，铁矿＜529.70m^2，下盘围岩＜535.84m^2。当采区跨度大于 26m 时，尾矿库底部矿石发生持续冒落，所以首采分段回采时，需要保证松动体的范围低于尾矿与矿石散体的交界面，且由于矿岩的碎胀性及矿石不能完全被回采，开采过程中覆盖层的厚度是持续增加的。因此，试验采场可以为干排尾砂方案提供现场支撑。

6.4.5　回采过程及结果分析

155m 分段是试验采场的首采分段，该分段采准工程布置形式与回采过程如图 6.33 所示。回采工作除采出部分矿石外，主要是诱导顶板围岩自然冒落，形成足够厚度的覆盖岩层，为下分段提供正常的开采条件。155m 分段自 2019 年 8 月开始回采，2020 年 1 月结束。由图 6.33 测量得出，155m 分段的回采面积约为 $2605m^2$，大于持续冒落面积 $530m^2$，且采区跨度大于临界冒落跨度。同时，由于该分段距离采空区较近，上部围岩稳定性较差，因此，预计在 155m 分段回采后，采场顶板不仅会顺利冒落，而且会冒透尾矿库底板。因试验采场距离采空区陷落范围较近，且采空区存在较长时间，故在爆破震动和回采扰动的作用下，原采空区极有可能与试验采场工作联通，进而形成大规模冒落，产生冲击气浪。为消除冲击气浪的威胁，采用留设散体垫层的措施。散体垫层的作用主要是阻挡冒落气浪的冲击，有效降低冲击气浪对出矿口工作人员及设备的危害，散体垫层厚度是降低冲击气浪速度至安全范围的关键因素。根据西石门铁矿及桃冲铁矿用散体垫层成功防治采空区大规模冒落气浪冲击危害的经验，总结出散体垫层最小安全厚度的估算式为：

$$\delta = 0.2d^{0.5}h_k^{0.25} + \delta_0 \qquad (6.7)$$

式中，δ 为散体垫层最小安全厚度，m。d 为冒落岩体等价圆直径，m。h_k 为冒落高度，m。δ_0 为散体垫层基础稳固性补偿量，对于井、巷封堵条件，可取 $\delta_0 = 1.5 \sim 2m$；对于出矿进路端部口封堵条件，可取 $\delta_0 = 0$。

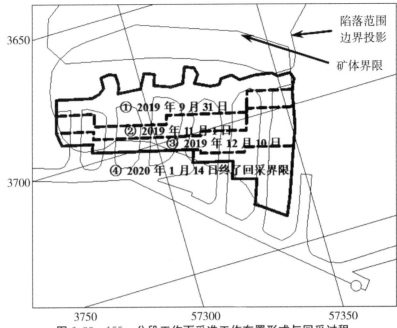

图 6.33　155m 分段工作面采准工作布置形式与回采过程

岩体冒落高度取决于散体垫层到拉底空间顶板的高度 h_k（图 6.34）与采空区群中最先冒落的采空区高度 h_1。当 $h_1 > h_k$ 时，冒落岩体下移 h_1 后即到达散体表面，此时总冒落高度为 h_k。当 $h_1 < h_k$ 时，分两种情况：①当冒落岩体下移 h_1 但还未到达散体表面时，岩体冒落总高度为 h_1；②当冒落岩体下移 h_1 后并未停止，破坏了采空区之间的矿柱后继续冒落，此时岩体冒落总高度为 h_k。无论是哪种情况，岩体最大冒落高度均不会超过 h，但需满足一个分段高度，取 15m。将 $h_k = 15$m、$d = 102$m、$\delta_0 = 0$ 代入式（6.7），计算得散体垫层厚度为 3.98m。

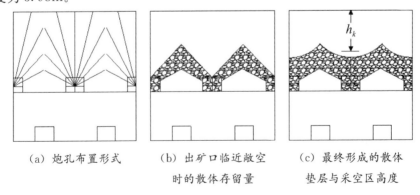

（a）炮孔布置形式　　（b）出矿口临近敞空　　（c）最终形成的散体
　　　　　　　　　　　　　时的散体存留量　　　　垫层与采空区高度

图 6.34　诱导冒落分段进路回采形成的空间条件

155m 分段采用 YGZ-90 型凿岩机凿岩，以 19m×16m×1.6m（分段高度×

进路间距×崩矿步距）的采场结构参数，使用斗容为 2.0m³ 的电动铲运机出矿。前期放矿时，为了消除冲击气浪的危害，需保证矿石垫层的厚度不小于 4m；顶板围岩的暴露跨度达到临界冒落跨度（即采空区跨度大于 26m）时，为控制上部尾砂混入，控制出矿量在 1000t 左右。

前期放矿时，在出矿口留下厚不小于 4m 的隔离层，步距放矿量约为 760t。随着回采的进行，回采工作面不断增大。当回采工作面推进到图 6.33 中②线位置时，出矿过程中经常听到冒落块体砸击矿石堆的响声，表明上部矿岩随着下部矿石的回采而快速自然冒落。当工作面回采到图 6.33 中的③线位置时，采空区冒透地表（图 6.35）。在后续回采过程中，为控制上部尾砂入渗，控制出矿量在 1000t 左右。至 155m 分段开采结束时，各进路在回采过程中都未出现尾砂混入采出矿石的现象。155m 分段崩落矿石的回采率为 57.7%，出矿品位为 29.3%。通过制定退采顺序控制采空区顶板面积和冒落进程，诱导上覆岩体冒透尾矿库，然后利用下分段回采进路对冒落矿石进行回收；并以控制出矿量的方式避免大量尾砂混入采出矿石。

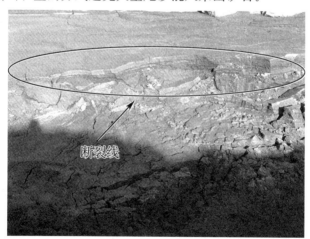

图 6.35 尾矿库内尾砂沉陷

140m 分段的采场结构参数为 15m×16m×1.6m（分段高度×进路间距×崩矿步距）。140m 分段出矿时，上部矿石已发生冒落，形成足够厚的覆盖层。分析尾砂穿流特性实验结果可知，均匀放矿及多条进路同时回采可以有效避免大量尾砂混入采出矿石。因此，140m 分段采用均匀出矿和每两条进路同步后退回采。140m 分段不仅要回采本分段崩落的矿石，而且要回收诱导冒落的矿石，故选用低贫化的放矿方式。该方式可以保持矿岩界面的完整性，控制出矿过程中废石混入，且不影响矿山的生产效率。为了防控尾砂混入、消除冒落矿石中废石出露随机性的影响，需采用当次废石混入率与单一步距总放出量两项指标控制放矿，即在放矿前确定松动体到达尾砂层与矿岩散体交界面时的放出量，作为步距最大放出量。当出矿量达到该放出量时，立即停止出矿，转入下一步距回采。在出矿量达到步距最大放出量之前，按低贫化品位控制放矿，即当次废石混入率达到采出矿石品位下降到规定品位时，才停止出矿，否则继续放矿。当尾砂与矿岩散体的交界面高于松动体范围时，尾砂呈现整体缓慢下移。因此，根据155m分段的回采量，可以估算尾砂层与140m分段的距离计算公式为：

$$h = \frac{\gamma SH - M}{\gamma S} \cdot \alpha \qquad (6.8)$$

式中，γ 为矿石容重，$\gamma = 3.3 t \cdot m^{-3}$；$H$ 为140m分段上部的矿石厚度，$H = 54m$；S 为140m分段的回采面积，m^2；M 为回收矿石量，t；α 为冒落岩体的平均碎胀系数，大北山铁矿 $\alpha = 1.15$。

因此，估算出尾砂层与140m分段回采巷道顶板的距离为49.46m，再乘以安全系数（0.8），进而得出步距放出量约为1380t时松动体到达尾砂与散体的交界面，即140m分段步距最大放出量约为1380t。140m分段自2020年2月开始回采，目前已回采至①线位置（图6.36）。在回采过程中，当回采量为900t时，放矿口眉线处出露废石，至本步距回采结束时，未出现大量尾砂混入采出矿石的现象。根据现场回采情况和实测数据，推算出140m分段和155m分段崩落矿石的回采率为88.2%，出矿品位为28.53%。

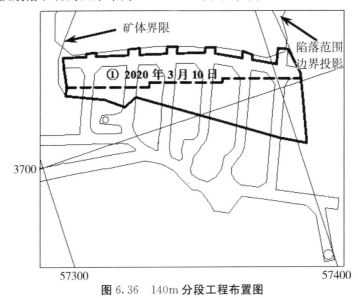

图 6.36 140m分段工程布置图

120m分段的采场结构参数为20m×18m×1.6m（分段高度×进路间距×

崩矿步距)。为了防止大量尾砂混入回采矿石,回采过程中采用均匀出矿和每两条进路同时回采的方式。120m 分段增大了结构参数,增加了本步距出矿量,减少了采准工程量,使采场内矿体下盘的三角柱矿量、残留散体矿石增多。由于第三分段崩落岩石的高度较大,回采进路出矿时,先放出纯岩石,然后放出矿岩混合散体,前期矿石含量由少变多,后期矿石含量由多变少,最后大量放出废石,达到截止品位,停止放矿。为了防控尾砂混入,消除冒落矿石中废石出露随机性的影响,仍采用当次废石混入率与单一步距总放出量两项指标控制放矿。根据式(6.8)估算出尾砂层与 120m 分段的距离,得出 120m 分段回采进路的步距最大出矿量约为 1950t。

　　根据试验采场现场实测及中央区回采经验估算,试验采场的回采率约为 80.9%,贫化率约为 24.3%。通过制定二次回采方案与放矿制度等一系列技术措施,可以使试验采场基本达到正常的回采指标。采场回采过程中,随着采场面积和采区跨度的不断增大,上覆岩层逐渐冒落,形成覆盖岩层。随着回采的不断进行,冒落范围逐渐变大,直至冒透地表,形成地表塌陷区。在干排尾砂和崩落矿石之间有一层岩石散体,且覆盖岩层厚度远大于放矿产生的松动体高度。分析试验采场尾砂混入过程与尾砂穿流特性实验结果得出,等量均匀出矿时,尾砂层到首采分段的距离大于松动体高度就可以避免大量尾砂混入采出矿石。随着后续开采的进行,尾砂层到回采分段的距离逐渐增大,故可以保证后续分段回采不会导致大量尾砂混入采出矿石。不同步的回采进度会对尾砂的穿流特性造成影响,所以应尽量协调各进路的回采进度。同时,为了保证放出体形态,在施工过程中应尽可能保证巷道呈现拱形。爆破过程中也应尽量减少大块率,使放矿过程中矿石流动性不受影响。正常采场回采时,覆盖岩层的存在使尾砂层到首采分段的距离大于松动体高度,故可以避免大量尾砂混入采出矿石。

参考文献

Alejano L R, RamíRez-Oyanguren P, Taboada J. FDM predictive methodology for subsidence due to flat and inclined coal seam mining [J]. International Journal of Rock Mechanics and Mining Sciences, 1999, 36 (4): 475-491.

Atkinson J H, Brown E T, Potts B D M. Collapse of shallow unlined tunnels in dense [J]. Tunnels and Tunnelling, 1975, 7 (3): 81-87.

Boukhatem H, Djouadi L, Abdelaziz N, et al. Optical-televiewer-based identification and characterization of material facies associated with an Antarctic ice shelf rift [J]. Annals of Glaciology, 2012, 53 (60): 137-146.

Brauner. Subsidence due to underground mining [M]. New York: Bureau of Mines, 1973.

Brown E T, Ferguson G A. Progressive hanging wall caving, Gath's mine, Rhodesia [J]. Transactions of the Institution of Mining and Metallurgy, 1979 (88): 92-105.

Castro R, Trueman R, Halim A. A study of isolated draw zones in block caving mines by means of a large 3D physical model [J]. International Journal of Rock Mechanics & Mining Sciences. 2007, 44 (6): 860-870.

Ferrier G. Application of imaging spectrometer data in identifying environmental pollution caused by mining at Rodaquilar, Spain [J]. Remote Sensing of Environment, 1999, 68 (2): 125-137.

Guo G L, Zhu X J, Zha J F, et al. Subsidence prediction method based on equivalent mining height theory for solid backfilling mining [J]. Transactions of Nonferrous Metals Society of China, 2014, 24 (10): 3302-3308.

Hendron A J, Paul E, Aiyer A K, et al. Geomechanical model study of the behavior of underground openings in rock subjected to static loads (report 3) -tests on lined openings in jointed and intact rock [R]. AD Report, 1972.

Heuer R E, Hendron A J. Geotechnical model study of the behavior of underground openings in rock subjected to static loads (report 2) - tests on unlined openings in intact rock [R]. AD Report, 1971.

Hood M, Ewy R T, Riddle L R. Empirical methods of subsidence prediction-a case study from Illinois [J]. International Journal of Rock Mechanics & Mining Sciences & Geomechanics Abstracts, 1983, 20 (4): 153-170.

Hubbard B, Malone T. Optical-televiewer-based logging of the uppermost 630m of the NEEM deep ice borehole, Greenland [J]. Annals of Glaciology, 2013, 54 (64): 83-89.

Hubbard B, Roberson S, Samyn D, et al. Digital optical televiewing of ice boreholes [J]. Journal of Glaciology, 2008, 54 (188): 823-830.

Jahanson J R. The use of flow-corrective inserts in bins [J]. Journal of Engineering for Industry, 1966, 88 (2).

Jenike A W. A theory of flow of particulate solids in converging and diverging channels based on a conical yield function [J]. Powder Technology, 1987, 50 (3): 229-236.

Jenike A W. Storage and flow of solids [J]. Bulletin of the Utah Engineering Experiment, 1980.

Jeroen D R, Gertjan P, Geert V, et al. Towards a three-dimensional cost-effective registration of the archaeological heritage [J]. Journal of Archaeological Science, 2013, 40 (2): 1108-1121.

Kim K D, Lee S, Oh H J, et al. Assessment of ground subsidence hazard near an abandoned underground coal mine using GIS [J]. Environmental Geology, 2006, 50 (8): 1183-1191.

Kratzsch H. Mining Subsidence Engineering [M]. Berlin: Springer-Verlag, 1983.

Kuchta M E. A revised form of the bergmark-roos equation for describing the gravity flow of broken rock [J]. Mineral Resources Engineering, 2002, 11 (4): 349-360.

Kvapil R. Gravity flow of ganular materials in silos and bins [J]. International Journal of Rock Mechanics and Mining Sciences & Geomechanics Abstracts, 1965, 2 (1): 25-41.

Li L C, Tang C A, Zhao X D, et al. Block caving-induced strata movement and associated surface subsidence: a numerical study based on a demonstration model [J]. Bulletin of Engineering Geology and the Environment, 2014, 7 (4): 1165-1182.

Litwiniszyn J. Application of the equation of stochastic processes to mechanics of loose bodies [J]. Archives of Mechanics, 1956, 8 (4): 393-411.

Nagai M, Shibasaki P, Manandhar D, et al. Development of digital surface and feature extraction by integrating laser scanner and CCD sensor with IMU [C] //International Archives of the Photogrammetry, Remote Sensing and Spatial Information Sciences, ISPRS Congress, Istanbul, Turkey. 2004, 35: B5.

National Coal Board. Subsidence Engineers Handbook [M]. 2nd ed. London: National Coal Board Mining Dept, 1975.

Polanin P. Application of two parameter groups of the Knothe-Budryk theory in subsidence prediction [J]. Journal of Sustainable Mining, 2015, 14 (2): 67-75.

Reimbert M L, Reimbert A M. Silos, theory and practice [J]. Journal of Thought, 1976, 5 (3): 141-156.

Ren F Y, Liu Y, Cao J L. Prediction of the caved rock zones' scope induced by caving mining

113

method [J]. PloS One, 2018, 13 (8): e0202221.

Roessner S, Wetzel H U, Kaufmann H, et al. Potential of Satellite Remote Sensing and GIS for landslide hazard assessment in Southern Kyrgyzstan (Central Asia) [J]. Natural Hazards, 2005, 35 (3): 395-416.

Shen B, King A, Guo H. Displacement, stress and seismicity in roadway roofs during mining-induced failure [J]. International Journal of Rock Mechanics & Mining Sciences, 2008, 45 (5): 672-688.

Sperl M. Experiments on corn pressure in silo cells-translation and comment of Janssen's paper from 1895 [J]. Granular Matter, 2006, 8 (2): 59-65.

Suratwadee S, Supattra K, Kittitep F. Physical model simulation of surface subsidence under sub-critical condition [J]. International Journal of Physical Modelling in Geotechnics, 2018: 1-29.

Trinh N, Jonsson K. Design considerations for an underground room in a hard rock subjected to a high horizontal stress field at Rana Gruber, Norway [J]. Tunnelling & Underground Space Technology Incorporating Trenchless Technology Research, 2013, 38 (3): 205-212.

Villegas T, Nordlund E, Dahnér-Lindqvist C. Hangingwall surface subsidence at the Kiirunavaara Mine [J]. Engineering Geology, 2011, 121 (1-2): 18-27.

Walker D M. An approximate theory for pressures and arching in hoppers [J]. Chemical Engineering Science, 1966, 21 (11): 975-997.

Walters J K. A theoretical analysis of stresses in silos with vertical walls [J]. Chemical Engineering Science, 1973, 28 (1): 13-21.

Yang L, Rongxing H, Fengyu R, et al. Experimental investigation of the influence for stoping sequence and granular grading on lateral pressure during the nonpillar sublevel caving mining [J]. Advances in Civil Engineering, 2020.

Yang L, Yanjun Z, Rongxing H. The new prediction method for surface subsidence scope induced by the sublevel caving mining method [J]. Mining, Metallurgy & Exploration, 2022.

Zangerl C, Eberhardt E, Evans K, et al. Normal stiffness of fractures in granitic rock [J]. International Journal of Rock Mechanics and Mining Sciences, 2008, 45 (8): 1500-1507.

Zhang X F, Tao G Q, Zhu Z H. Laboratory study of the influence of dip and ore width on gravity flow during longitudinal sublevel caving [J]. International Journal of Rock Mechanics & Mining Sciences, 2018 (103): 179-185.

阿威尔辛. 煤矿地下开采的岩层移动 [M]. 北京: 煤炭工业出版社, 1959.

白义如. 相似材料模型位移场的光学测量技术研究及应用 [D]. 武汉: 中国科学院武汉岩土力学研究所, 2002.

包桂秋, 熊沈蜀, 周兆英, 等. 基于视频图像的微型飞行器飞行高度提取方法 [J]. 清华大学学报（自然科学版），2003，43（11）：1468-1471.

鲍莱茨基，胡戴克. 矿山岩体力学［M］. 于振海，刘天泉，译. 北京：煤炭工业出版社，1985.

布雷迪，布郎. 地下采矿岩石力学［M］. 冯树仁，佘诗刚，等译. 北京：煤炭工业出版社，2011.

蔡怀恩. 开采沉陷预计的方法及发展趋势［J］. 露天采矿技术，2007（4）：43-44.

蔡音飞，Verdel T，Olivier D，等. 地形影响下的开采沉陷影响函数法优化［J］. 煤炭学报，2016，41（1）：278-283.

曹建立. 多空区菱镁矿矿岩冒落规律及其应用研究［D］. 沈阳：东北大学，2017.

曹立雪，刘雁冰. 矿山复绿技术方法研究［J］. 价值工程，2018，37（36）：273-275.

常帅，任凤玉，李楠. 西石门铁矿南区软破矿岩支护方法研究［J］. 中国矿业，2012，21（7）：83-86.

常帅. 双鸭山铁矿北区采矿方法研究［D］. 沈阳：东北大学，2008.

陈良浩，朱彩英，徐青，等. 无人机航测水域控制点布设方案的精度试验［J］. 测绘科学，2016，41（7）：205-210.

陈磬. 散体介质流动性及其在料仓中卸料特性的研究［D］. 南京：东南大学，2012.

陈清运，杨从兵，王水平，等. 金山店铁矿东区崩落法开采岩层移动变形规律研究［J］. 金属矿山，2010（7）：1-4.

陈喜山. 古典杨森散体压力理论的拓展及采矿工程中的应用［J］. 岩土工程学报，2010，32（2）：315-319.

崔希民，邓喀中. 煤矿开采沉陷预计理论与方法研究评述［J］. 煤炭科学技术，2017，45（1）：160-169.

戴华阳，翟厥成，胡友健. 山区地表移动的相似模拟实验研究［J］. 岩石力学与工程学报，2000，19（4）：501-504.

戴华阳. 负指数法预计山区地表移动［J］. 矿山测量，1990（3）：48-51.

戴兴国，古德生，吴爱祥. 散体矿岩静压分析与计算［J］. 中南工业大学学报，1995（5）：584-588.

戴兴国，古德生. 散体中侧压系数的理论分析与计算［J］. 有色金属工程，1992（3）：21-25.

邓飞，程秋亭，陈艳红，等. 中深孔爆破参数优化试验研究［J］. 有色金属科学与工程，2015（1）：66-69.

邓喀中，马伟民，郭广礼，等. 岩体界面效应的物理模拟［J］. 中国矿业大学学报，1995，24（4）：80-84.

邓喀中. 开采沉陷中的岩体结构效应研究［D］. 北京：中国矿业大学（北京），1993.

董鑫. 夏甸金矿散体流动规律室内模拟试验研究［J］. 黄金，2009，30（8）：24-26.

杜明芳，刘起霞，蒋志娥，等. 储料的密度对立筒仓压力影响的颗粒流数值模拟［J］. 河南工业大学学报（自然科学版），2004，25（3）：40-43.

杜睿智. 陡坡岩壁快速覆绿技术试验 [D]. 西安：西安科技大学，2018.

冯国瑞. 煤矿残采区上行开采基础理论与实践 [M]. 北京：煤炭工业出版社，2010.

冯兴隆，王李管，毕林，等. 基于 Laubscher 崩落图的矿体可崩性研究 [J]. 煤炭学报，2008，33（3）：268-272.

冯增文，陈建平，李珂，等. 基于高精度 DEM 的地形监测方法研究 [J]. 地质学刊，2014，38（3）：474-478.

付建宝. 复杂条件下大型筒仓侧压力的极限分析与弹塑性有限元分析 [D]. 大连：大连理工大学，2006.

高姣姣. 高精度无人机遥感地质灾害调查应用研究 [D]. 北京：北京交通大学，2010.

富马加利. 静力学模型与地力学模型 [M]. 蒋彭年，译. 北京：水利电力出版社，1979.

高云峰，徐友宁，陈华清. 露天矿硬岩边坡复绿技术现状及存在问题 [J]. 中国矿业，2019，28（2）：63-68.

古德生，李夕兵. 现代金属矿床开采科学技术 [M]. 北京：冶金工业出版社，2006.

郭延辉，侯克鹏，孙华芬，等. 地下金属矿山深部开采引起地表移动变形规律研究 [J]. 有色金属（矿山部分），2011，63（5）：36-40.

郭延辉. 高应力区陡倾矿体崩落开采岩移规律、变形机理与预测研究 [D]. 昆明：昆明理工大学，2015.

何昌春. 基于关键层结构的地表沉陷预计方法研究 [D]. 徐州：中国矿业大学，2018.

何国清，马伟民，王金庄. 威布尔分布型影响函数在地表移动计算中的应用——用碎块体理论研究岩移基本规律的探讨 [J]. 中国矿业大学学报，1982（1）：4-23.

何国清，杨伦，凌庚娣，等. 矿山开采沉陷学 [M]. 徐州：中国矿业大学出版社，1994.

何满潮，段庆伟，张晗，等. 复杂构造条件下煤矿上覆岩体移动规律研究 [J]. 地球学报，2003（Z1）：201-204.

何荣兴. 北洺河铁矿爆破参数优化研究 [D]. 沈阳：东北大学，2008.

何荣兴. 北洺河铁矿无底柱分段崩落法回采参数综合优化研究 [D]. 沈阳：东北大学，2013.

何万龙. 开采影响下的山区地表移动 [J]. 煤炭科学技术，1981（7）：23-29.

贺跃光. 工程开挖引起的地表移动与变形模型及监测技术研究 [D]. 长沙：中南大学，2003.

侯运炳，刘畅，丁鹏初，等. 尾砂固结排放的重金属固化效应研究 [J]. 工程科学与技术，2018，50（5）：235-242.

侯运炳，唐杰，魏书祥. 尾矿固结排放技术研究 [J]. 金属矿山，2011，40（6）：59-62.

黄平路. 构造应力型矿山地下开采引起岩层移动规律的研究 [D]. 武汉：中国科学院武汉岩土力学研究所，2008.

黄文钿. 岩层移动研究 [J]. 有色金属（矿山部分），1981（4）：21-23.

贾喜荣，翟英达. 采场薄板矿压理论与实践综述 [J]. 矿山压力与顶板管理，1999（3）：

22-25.

蒋华. 向斜轴区域采场围岩破裂特征及其与微震活动的相关性研究 [D]. 北京：北京科技大学，2020.

解明礼. 矿山崩滑地质灾害风险评价与管理研究 [D]. 成都：成都理工大学，2018.

亢亮亮. 营房子银矿泥化矿体无底柱分段崩落法开采技术研究 [D]. 沈阳：东北大学，2014.

李兵. 岩石相似材料的试验研究 [D]. 重庆：重庆大学，2015.

李成. 高强度采矿区硬岩边坡复绿技术 [C] //2015 陕西省地质环境监测总站学术研讨会，2015.

李春雷，谢谟文，李小璐. 基于 GIS 和概率积分法的北洺河铁矿开采沉陷预测及应用 [J]. 岩石力学与工程学报，2007，26（6）：1243-1250.

李春意. 覆岩与地表移动变形演化规律的预测理论及实验研究 [D]. 北京：中国矿业大学，2010.

李海英，任凤玉，陈晓云，等. 深部开采陷落范围的预测与控制方法 [J]. 东北大学学报（自然科学版），2012，33（11）：1624-1627.

李海英. 露天转地下过渡期协同开采方法与应用研究 [D]. 沈阳：东北大学，2015.

李腾，付建新，宋卫东. 厚大铁矿体崩落法开采围岩移动规律研究 [J]. 采矿与安全工程学报，2018，35（5）：978-983.

李文秀，郭玉贵，侯晓兵. 无底柱分段崩落法开采地表移动分析的粘-弹性力学模型 [J]. 工程力学，2009，26（7）：227-231.

李文秀，郭玉贵，张瑞雪，等. 深部采矿岩体移动 ANSYS 分析 [J]. 河北大学学报（自然科学版），2008，28（2）：130-133.

李文秀，刘琳，王山山，等. 软岩地层深部铁矿非充分开采下沉分析模型 [J]. 河北大学学报（自然科学版），2011，31（5）：462-468.

李文秀，梅松华，翟淑花，等. 大型金属矿体开采地应力场变化及其对采区岩体移动范围的影响分析 [C] //全国地壳应力会议，2004：4047-4051.

李文秀，梅松华. BP 神经网络在岩体移动参数确定中的应用 [J]. 岩石力学与工程学报，2001，20（s1）：1762-1765.

李小琴. 浅谈废弃采石场的复绿技术 [J]. 科技创新导报，2009（6）：45.

李增琪. 使用富氏积分变换计算开挖引起的地表移动 [J]. 煤炭学报，1983（2）：20-30.

梁醒培，陈长冰，原方. 大直径浅圆仓侧压力计算的总体平衡法 [J]. 特种结构，2005，2（4）：55-56.

梁旭坤. FG500T 双锥粉料罐力学特性有限元分析及结构改造研究 [D]. 长沙：中南大学，2006.

梁运培，孙东玲. 岩层移动的组合岩梁理论及其应用研究 [J]. 岩石力学与工程学报，2002，21（5）：654-657.

林柏泉，孙豫敏，朱传杰，等. 爆炸冲击波扬尘过程中的颗粒动力学特征研究 [J]. 煤炭学报，2014，39（12）：2453-2458.

林韵梅. 深部近矿体巷道的位移规律 [J]. 岩石力学与工程学报，1983，2（1）：89-101.

刘宝琛，廖国华. 煤矿地表移动的基本规律 [M]. 北京：中国工业出版社，1965.

刘欢. 白银煤矿区矿山地质灾害遥感监测及危险性评价 [D]. 长沙：中南大学，2011.

刘娜. 小汪沟铁矿分区崩落法开采岩移控制技术研究 [J]. 沈阳：东北大学，2019.

刘善军，王植，毛亚纯，等. 矿山安全与环境的多源遥感监测技术 [J]. 测绘与空间地理信息，2015（10）：107-109.

刘天泉. 大面积采场引起的采动影响及其时空分布规律 [J]. 矿山测量，1981（1）：72-79.

刘文生，范学理. 条带法开采留宽度合理尺寸研究 [J]. 矿山测量，1991（1）：53-55.

刘文生. 条带法开采采留宽度合理尺寸研究 [D]. 阜新：阜新矿业学院，1988.

刘洋，何荣兴，任凤玉，等. 放矿扰动和矿体倾角对散体侧压力分布的影响研究 [J]. 金属矿山，2021，542（8）：57-60.

刘洋，任凤玉，何荣兴，等. 基于放矿下临界散体柱理论的地表塌陷范围预测 [J]. 东北大学学报（自然科学版），2018，39（3）：416-420.

刘洋，任凤玉，何荣兴，等. 尾矿库下残矿崩落法开采损失贫化控制 [J]. 金属矿山，2021，540（6）：122-126.

龙涛，谢源，余斌，等. 塌陷区尾砂干式排放综合工艺技术研究 [J]. 有色金属（矿山部分），2007，59（6）：41-44.

楼晓明，施广换，陈飞，等. 环锥型散体材料对筒仓侧壁的主动侧压力 [J]. 岩土工程学报，2010（S2）：25-28.

卢志刚. 复杂高应力情况下矿体开采引起的地表沉陷规律研究 [D]. 长沙：中南大学，2013.

雒凯. 余华寺矿区塌陷坑尾矿干堆条件下深部开采技术研究 [D]. 武汉：武汉科技大学，2015.

麻凤海. 岩层移动及动力学过程的理论与实践 [M]. 北京：煤炭工业出版社，1997.

马百龙. 深井巷道群掘进扰动区划规律与加固技术 [D]. 徐州：中国矿业大学，2016.

马二辉. 营口恒泰菱镁矿诱导冒落法开采技术研究 [D]. 沈阳：东北大学，2013.

马国超，王立娟，马松，等. 矿山尾矿库多技术融合安全监测运用研究 [J]. 中国安全科学学报，2016（7）：35-40.

马俊. 金山店铁矿塌陷区回填体移动规律与回填措施研究 [D]. 武汉：武汉科技大学，2012.

马拉霍夫. 崩落矿块的放矿 [M]. 杨迁人，刘兴国，译. 北京：冶金工业出版社，1958.

马鑫民. 富铁矿无底柱分段崩落爆破机理与智能设计系统研究 [D]. 北京：中国矿业大学（北京），2019.

欧阳治华，王胜开，全中学，等. 矿山井下泥石流形成机理与固液耦合数值模拟研究 [J].

金属矿山，2008（10）：21-24.

偶星，白中科，钱铭杰. 基于 RS 的矿区环境动态监测方法研究［J］. 资源开发与市场，
2008，24（7）：603-606.

钱鸣高. 岩层控制的关键层理论［M］. 徐州：中国矿业大学出版社，2003.

乔登攀，汪亮，张宗生. 无底柱分段崩落法采场结构参数确定方法研究［J］. 采矿技术，
2006（253）：233-236.

乔河，唐春安. 岩爆及采矿诱发岩体失稳破坏过程数值模拟研究［J］. 中国矿业，1997（6）：
48-50.

任凤玉，刘洋，曹建立，等. 大北山铁矿分区开采方法研究［J］. 金属矿山，2018，505（7）：
45-49.

任凤玉，刘洋，张东杰，等. 萤石矿近主井采空区治理方法研究［J］. 矿业研究与开发，
2017，37（11）：21-25.

任凤玉，刘洋，张晶，等. 放矿条件下塌陷区内尾砂穿流特性［J］. 东北大学学报（自然科
学版），2020，41（6）：858-862.

任凤玉，袁国强，陈晓云，等. 弓长岭井下矿改进采场结构的研究［J］. 金属矿山，2006（9）.

任凤玉，周宗红，穆太升，等. 夏甸金矿中深孔爆破参数优化研究［J］. 金属矿山，2005
（11）：7-9.

任凤玉. 斜壁边界散体移动规律研究［J］. 化工矿物与加工，1993（4）：23-27.

沙拉蒙. 地下工程的岩石力学［M］. 北京：冶金工业出版社，1982.

邵安林. 端部放矿废石移动规律及控制技术［M］. 北京：冶金工业出版社，2013.

邵兴，原方. 粮食浅圆仓散料侧压力计算公式［J］. 河南工业大学学报（自然科学版），
2007，28（5）：67-70.

沈永林，刘军，吴立新，等. 基于无人机影像和飞控数据的灾场重建方法研究［J］. 地理与
地理信息科学，2011，27（6）.

宋德林，任凤玉，刘德祥，等. 西石门铁矿北区高应力破碎矿体崩落法开采技术［J］. 金属
矿山，2019，513（3）：47-53.

宋德林. 和睦山铁矿下盘残矿回收技术实验研究［D］. 沈阳：东北大学，2011.

宋德林. 西石门铁矿缓倾斜破碎矿体崩落法开采损失贫化控制［J］. 金属矿山，2019，48（8）：
7-12.

宋世杰. 基于关键地矿因子的开采沉陷分层传递预计方法研究［D］. 西安：西安科技大学，
2013.

隋明昊. 岩质高陡边坡锚杆-土工网垫喷播植草生态护坡结构稳定性研究［D］. 青岛：青岛
理工大学，2012.

孙浩，金爱兵，高永涛，等. 多放矿口条件下崩落矿岩流动特性［J］. 工程科学学报，
2015（10）.

孙明伟，盛建龙，程爱平. 基于 PFC 2D 的采场覆盖层厚度研究［J］. 矿业研究与开发，

2011 (6)：11-13.

孙伟. 塌陷区膏体处置体宏细观力学行为及协调变形控制研究 [D]. 北京：北京科技大学，
　　2016.

谭宝会，张志贵，何荣兴，等. 放矿椭球体排列理论的合理性探讨及实验研究 [J]. 东北大
　　学学报（自然科学版），2019，40 (7)：1014-1019.

陶干强，任凤玉，刘振东，等. 随机介质放矿理论的改进研究 [J]. 采矿与安全工程学报，
　　2010，27 (2)：239-243.

陶干强，杨仕教，任凤玉. 崩落矿岩散粒体流动性能试验研究 [J]. 岩土力学，2009，30 (10)：
　　2950-2954.

陶恒畅，郭超华，毛富邦，等. 尾矿干排在获各琦铜矿的应用 [J]. 有色矿冶，2016，32 (6)：
　　56-58.

王宝存，苗防，晏明星，等. 基于遥感技术的开滦煤矿地面塌陷积水动态监测 [J]. 国土资
　　源遥感，2007，73 (3)：94-97.

王磊. 固体密实充填开采岩层移动机理及变形预测研究 [D]. 徐州：中国矿业大学，2012.

王连庆，高谦，王建国，等. 自然崩落采矿法的颗粒流数值模拟 [J]. 工程科学学报，
　　2007，29 (6)：557-561.

王培涛，杨天鸿，柳小波. 无底柱分段崩落法放矿规律的PFC2D模拟仿真 [J]. 金属矿山，
　　2010，V39 (8)：123-127.

王青，任凤玉. 采矿学 [M]. 2版. 北京：冶金工业出版社，2011.

王蓉丽，朱宝琦，李绍龙，等. 浙中地区废弃矿山复绿技术研究 [J]. 黑龙江农业科学，
　　2011 (9)：72-74.

王述红，任凤玉，魏永军，等. 矿岩散体流动参数物理模拟实验 [J]. 东北大学学报（自然
　　科学版），2003，24 (7)：699-702.

王晓红，聂洪峰，李成尊，等. 不同遥感数据源在矿山开发状况及环境调查中的应用 [J].
　　国土资源遥感，2006 (2)：73-75.

王新民，王长军，张钦礼，等. 崩落矿岩散体本构关系研究 [J]. 采矿技术，2008，8 (5)：
　　22-24.

王燕. 弓长岭铁矿东南区露天井下协同开采技术研究 [D]. 沈阳：东北大学，2013.

王永清，宋卫东，杜翠凤，等. 金属矿山井下泥石流发生机理分析 [J]. 金属矿山，2006 (8)：
　　65-70.

王泳嘉，吕爱钟. 放矿的随机介质理论 [J]. 中国矿业，1993 (1)：53-58.

王泳嘉，邢纪波. 充分变形离散单元法及其在采矿中的应用 [C]. 中国北方岩石力学与工
　　程应用学术会议，1991.

王云鹏，余健. 无底柱分段崩落法崩矿步距的优化 [J]. 中南大学学报（自然科学版），
　　2014 (2)：603-608.

王运敏，陆玉根，孙国权. 崩落法深部开采岩移及地表塌陷规律分析研究 [J]. 金属矿山，

2015，44（6）：6-9.

王振强，刘志惠，闻磊. Mathews稳定图法在某铅锌矿围岩稳定性分析中的应用［J］. 矿冶工程，2012，32（s1）：498-500.

魏书祥. 尾砂固结排放技术研究［D］. 北京：中国矿业大学，2010.

翁胜军，何荣兴，郁奇，等. 北洺河铁矿凿岩爆破参数优化试验研究［J］. 现代矿业，2012，28（5）：6-8.

吴爱祥，朱志根，习泳，等. 崩落矿岩散体流动规律研究［J］. 金属矿山，2006（5）：4-6.

吴剑. 基于面向对象技术的遥感震害信息提取与评价方法研究［D］. 武汉：武汉大学，2010.

吴立新，王金庄. 连续大面积开采托板控制岩层变形模式的研究［J］. 煤炭学报，1994（3）：233-242.

肖昭然，王军，何迎春. 筒仓侧压力的离散元数值模拟［J］. 河南工业大学学报（自然科学版），2006（2）：10-12.

徐梅. 概率积分法预计参数的总体最小二乘抗差算法［D］. 淮南：安徽理工大学，2018.

徐日庆，龚慈，魏纲，等. 考虑平动位移效应的刚性挡土墙土压力理论［J］. 浙江大学学报（工学版），2005，39（1）：119-122.

徐帅，安龙，冯夏庭，等. 急斜薄矿脉崩落矿岩散体流动规律研究［J］. 采矿与安全工程学报，2013，30（4）：512-517.

许家林，连国明，朱卫兵，等. 深部开采覆岩关键层对地表沉陷的影响［J］. 煤炭学报，2007（7）：16-20.

阎跃观，戴华阳，王忠武，等. 急倾斜多煤层开采地表沉陷分区与围岩破坏机理——以木城涧煤矿大台井为例［J］. 中国矿业大学学报，2013，42（4）：547-553.

杨帆，麻凤海，刘书贤，等. 采空区岩层移动的动态过程与可视化研究［J］. 中国地质灾害与防治学报，2005，16（1）：84-88.

杨帆. 急倾斜煤层采动覆岩移动模式及机理研究［D］. 阜新：辽宁工程技术大学，2006.

杨静亚. 基于GIS技术的水电网综合管理系统［J］. 采矿技术，2018，18（2）：65-67.

杨伦. 煤矿岩层与地表移动机理和规律的再认识［J］. 阜新矿业学院学报，1988（1）：13-22.

印万忠. 尾矿堆存技术的最新进展［J］. 金属矿山，2016，45（7）：10-19.

于保华，朱卫兵，许家林. 深部开采地表沉陷特征的数值模拟［J］. 采矿与安全工程学报，2007，24（4）：422-426.

于广明. 分形及损伤力学在矿山开采沉陷中的应用研究［J］. 岩石力学与工程学报，1999，18（2）：241-243.

余健，汪德文. 高分段大间距无底柱分段崩落采矿新技术［J］. 金属矿山，2008（3）.

袁磊，周建伟，温冰，等. 山东章丘废弃矿山石灰岩质高陡边坡地境再造覆绿技术及其应用［C］//中国地质学会2015学术年会论文摘要汇编（下册），2015.

袁仁茂，马凤山，邓清海，等. 急倾斜厚大金属矿山地下开挖岩移发生机理［J］. 中国地质灾害与防治学报，2008，19（1）：62-67.

袁义. 地下金属矿山岩层移动角与移动范围的确定方法研究［D］. 长沙：中南大学，2008.

曾跃. 基于无人机摄影测量的地质灾害监测——以大岗山水电站库区为例［D］. 长春：吉林大学，2012.

张东杰，任凤玉，曹建立，等. 锡林浩特萤石矿竖井保安矿柱优化方法［J］. 中国矿业，2019，28（1）：144-148.

张东杰. 临界散体柱支撑理论及其在锡林浩特萤石矿应用研究［D］. 沈阳：东北大学，2019.

张国建，蔡美峰. 崩落体形态及其影响研究［J］. 中国矿业，2003，12（12）：38-42.

张坤，柳小波，刘凯，等. 联合采矿法回采挂帮矿时采空区的临界冒落跨度研究［J］. 中国矿业，2015（3）：97-101.

张磊. 大直径浅圆仓散料侧压力非线性分布分析［J］. 山西建筑，2011，37（2）：39-40.

张磊. 曲线挡墙散粒体主动侧压力分析及筒仓实践［D］. 长沙：中南大学，2009.

张丽萍，于锐，黄超群. 矿山地表移动 ARMA 预测模型［C］//全国岩石动力学学术会议暨国际岩石动力学专题研讨会，2011.

张文志. 开采沉陷预计参数与角量参数综合分析的相似理论法研究［D］. 焦作：河南理工大学，2011.

张秀宝. 基于高速动态显微测试的旋流矿化特征研究［D］. 徐州：中国矿业大学，2016.

张友志，吴爱祥，王洪江，等. 地表塌陷区膏体回填控制颗粒流数值模拟［J］. 金属矿山，2014（7）：22-26.

张玉江. 下垮落式复合残采区中部整层弃煤开采岩层控制理论基础研究［D］. 太原：太原理工大学，2017.

赵兵朝. 浅埋煤层条件下基于概率积分法的保水开采识别模式研究［D］. 西安：西安科技大学，2009.

赵海军，马凤山，丁德民，等. 急倾斜矿体开采岩体移动规律与变形机理［J］. 中南大学学报（自然科学版），2009，40（5）：1423-1429.

甄浩森，王学文，杨兆建. 基于 PFC 3D 的煤仓卸料侧压力离散元模拟［J］. 煤炭工程，2013（S1）：123-125.

甄冉，Rebecca，王建军，等. 当"黑科技"遇上"白科技"——适马 20mm F1.4 镜头 VS 大疆精灵 4 无人机［J］. 摄影之友，2016（5）：134-143.

钟勇，邢军，杨举. 崩落法采矿岩体移动规律及其对风井稳定性的影响［C］//全国金属矿山采矿学术研讨与技术交流会. 2005.

周爱民. 难采矿床地下开采理论与技术［M］. 北京：冶金工业出版社，2015.

周国铨. 建筑物下采煤［M］. 北京：煤炭工业出版社，1983.

周纵横. 山西某矿区地面沉陷特征及风险性评价［D］. 成都：成都理工大学，2018.

周宗红，任凤玉，穆太升，等. 低贫损分段崩落法在夏甸金矿的应用研究［J］. 现代矿业，

2006，25（1）：12-15.

周宗红，任凤玉，王文潇，等. 后和睦山铁矿倾斜破碎矿体高效开采方案研究［J］. 中国矿
  业，2006，15（3）：47-50.

周宗红，任凤玉，袁国强，等. 诱导冒落技术在空区处理中的应用［J］. 金属矿山，2005（12）：
  73-74.

朱剑锋，徐日庆，王兴陈. 基于扰动状态概念模型的刚性挡土墙土压力理论［J］. 浙江大学
  学报（工学版），2011（6）：1081-1087.